供电企业生产现场
安全事故案例分析
（配电部分）

主编 吴 强 刘 哲 陈长金

西安交通大学出版社
XI'AN JIAOTONG UNIVERSITY PRESS

国家一级出版社
全国百佳图书出版单位

图书在版编目(CIP)数据

供电企业生产现场安全事故案例分析.配电部分/吴强,刘哲,陈长金主编.—西安:西安交通大学出版社,2021.5
ISBN 978-7-5693-1643-8

Ⅰ.①供… Ⅱ.①吴… ②刘… ③陈… Ⅲ.①供电-工业企业-安全事故-事故分析-中国 Ⅳ.①TM08

中国版本图书馆 CIP 数据核字(2021)第 075742 号

书　　名	供电企业生产现场安全事故案例分析(配电部分)
主　　编	吴　强　刘　哲　陈长金
责任编辑	郭鹏飞
责任校对	陈　昕
出版发行	西安交通大学出版社
	(西安市兴庆南路 1 号 邮政编码 710048)
网　　址	http://www.xjtupress.com
电　　话	(029)82668357 82667874(发行中心)
	(029)82668315(总编办)
传　　真	(029)82668280
印　　刷	西安日报社印务中心
开　　本	787 mm×1092 mm　1/16　印张 9.375　字数 211 千字
版次印次	2021 年 5 月第 1 版　2021 年 5 月第 1 次印刷
书　　号	ISBN 978-7-5693-1643-8
定　　价	48.00 元(含光盘 1 张)

如发现印装质量问题,请与本社发行中心联系调换。
订购热线:(029)82665248　(029)82665249
投稿热线:(029)82669097　QQ:8377981
读者信箱:lg_book@163.com

本书编委会

主　任：陈铁雷

委　员：赵晓波　杨军强　田　青　石玉荣

　　　　郭小燕　祝晓辉　毕会静

编　审　组

主　编：吴　强　刘　哲　陈长金

副主编：孔凡伟　闫佳文

参　编：李勇军　谭　震　李清仁　李　霄

　　　　潘　旭　刘友松　李　鹏　蒋春悦

　　　　邹　园　郭小燕　吕　潇　赵锦涛

　　　　金富泉　国会杰

主　审：孔凡伟

前　言

为加强安全生产工作,防止和减少电力生产安全事故的发生,国网河北省电力有限公司培训中心组织编写了本书,希望通过本书的学习能进一步加强一线生产人员的安全意识,提高公司系统安全管理水平。

本书以事故案例、违反《配电安规》(《国家电网公司电力安全工作规程(配电部分)(试行)》)条款、案例分析、小结的模式对常见违章行为进行了介绍,内容包括总则,配电作业基本条件,保证安全的组织措施,保证安全的技术措施,运行和维护,架空配电线路工作,配电设备工作,低压电气工作,带电作业,二次系统工作,高压试验与测量工作,电力电缆工作,分布式电源相关工作以及机具和安全工器具的使用、检查、保管和试验,动火作业,起重与运输,高处作业。

国网河北省电力有限公司培训中心的吴强、刘哲、陈长金同志任本书主编,负责全书的编写、统稿和各章节的初审,孔凡伟同志任主审,负责全书的审定。第1、2、17章由李霄、吴强、刘哲、陈长金负责编写;第3、12、13章由谭震、吴强、刘哲、陈长金负责编写;第4、15、16章由李勇军、吴强、刘哲、陈长金负责编写;第5章由刘友松、吴强、刘哲、陈长金负责编写;第6、7、14章由李清仁、吴强、刘哲、陈长金负责编写;第8、10章由潘旭、吴强、刘哲、陈长金负责编写;第9、11章由吕潇、吴强、刘哲、陈长金负责编写。

本书可用于配电专业人员安全知识教育以及《国家电网公司电力安全工作规程(配电部分)(试行)》学习使用,可大大提高使用人员的安全知识水平。

本书在编写过程中参考了大量文献,在此对原作者深表的谢意。

本书如能对读者和培训工作有所帮助,我们将感到十分欣慰。由于作者水平有限,书中难免存在不足之处,希望各位专家和读者提出宝贵意见,使之不断完善。

编者

2021 年 3 月

目　录

1　总则 ……………………………………………………………………（1）

2　配电作业基本条件 …………………………………………………（3）
　2.1　作业人员 ………………………………………………………（3）
　2.2　配电线路和设备 ………………………………………………（5）
　2.3　作业现场 ………………………………………………………（8）

3　保证安全的组织措施 ………………………………………………（13）
　3.1　在配电线路和设备上工作,保证安全的组织措施 …………（13）
　3.2　现场勘查制度 …………………………………………………（13）
　3.3　工作票制度 ……………………………………………………（15）
　3.4　工作许可制度 …………………………………………………（18）
　3.5　工作监护制度 …………………………………………………（19）
　3.6　工作间断、转移制度 …………………………………………（21）
　3.7　工作终结制度 …………………………………………………（22）

4　保证安全的技术措施 ………………………………………………（23）
　4.1　在配电线路和设备上工作,保证安全的技术措施 …………（23）
　4.2　停电 ……………………………………………………………（24）
　4.3　验电 ……………………………………………………………（26）
　4.4　接地 ……………………………………………………………（27）
　4.5　悬挂标示牌和装设遮栏(围栏) ………………………………（30）

5　运行和维护 …………………………………………………………（32）
　5.1　巡视 ……………………………………………………………（32）
　5.2　倒闸操作 ………………………………………………………（34）
　5.3　砍剪树木 ………………………………………………………（41）

6 架空配电线路工作 ……………………………………………… (45)

　6.1　坑洞开挖 ………………………………………………… (45)

　6.2　杆塔作业 ………………………………………………… (46)

　6.3　杆塔施工 ………………………………………………… (47)

　6.4　放线紧线 ………………………………………………… (49)

　6.5　高压架空绝缘导线工作 ………………………………… (51)

　6.6　邻近带电导线的工作 …………………………………… (52)

　6.7　同杆(塔)架设多回线路中部分线路停电的工作 ……… (54)

7 配电设备工作 …………………………………………………… (57)

　7.1　柱上变压器台架上的工作 ……………………………… (57)

　7.2　箱式变压器的工作 ……………………………………… (58)

　7.3　配电站、开闭所的工作 ………………………………… (60)

　7.4　计量、负控装置工作 …………………………………… (61)

8 低压电气工作 …………………………………………………… (63)

　8.1　一般要求 ………………………………………………… (63)

　8.2　低压配电网工作 ………………………………………… (66)

　8.3　低压用电设备工作 ……………………………………… (67)

9 带电作业 ………………………………………………………… (69)

　9.1　一般要求 ………………………………………………… (69)

　9.2　安全技术措施 …………………………………………… (73)

　9.3　带电断、接引线 ………………………………………… (79)

　9.4　带电短接设备 …………………………………………… (81)

　9.5　高压电缆旁路作业 ……………………………………… (83)

　9.6　带电立、撤杆 …………………………………………… (84)

　9.7　使用绝缘斗臂车的作业 ………………………………… (86)

　9.8　带电作业工器具的保管、使用和试验 ………………… (89)

10 二次系统工作 ………………………………………………… (91)

　10.1　一般要求 ……………………………………………… (91)

　10.2　电流互感器和电压互感器 …………………………… (92)

　10.3　现场检修 ……………………………………………… (94)

　10.4　整组试验 ……………………………………………… (95)

11　高压试验与测量工作 ·· （97）

　　11.1　一般要求 ·· （97）

　　11.2　高压试验 ·· （99）

　　11.3　测量工作 ··· （101）

12　电力电缆工作 ·· （104）

　　12.1　一般要求 ··· （104）

　　12.2　电力电缆施工作业 ··· （105）

　　12.3　电力电缆试验 ··· （107）

13　分布式电源相关工作 ·· （109）

　　13.1　一般要求 ··· （109）

　　13.2　并网管理 ··· （110）

　　13.3　运维和操作 ··· （112）

　　13.4　检修工作 ··· （113）

14　机具及安全工器具使用、检查 ·································· （115）

　　14.1　一般要求 ··· （115）

　　14.2　施工机具使用和检查 ··· （116）

　　14.3　施工机具保管和试验 ··· （118）

　　14.4　电动工具使用和检查 ··· （119）

　　14.5　安全工器具使用和检查 ······································· （121）

　　14.6　安全工器具保管和试验 ······································· （123）

15　动火作业 ·· （125）

　　15.1　一般要求 ··· （125）

　　15.2　动火作业 ··· （125）

　　15.3　焊接、切割 ··· （127）

16　起重与运输 ·· （129）

　　16.1　一般要求 ··· （129）

　　16.2　起重 ··· （130）

　　16.3　运输 ··· （131）

17　高处作业……………………………………………………… (133)

　　17.1　一般要求……………………………………………… (133)

　　17.2　安全带………………………………………………… (135)

　　17.3　脚手架………………………………………………… (137)

　　17.4　梯子…………………………………………………… (138)

参考文献…………………………………………………………… (140)

1　总则

《电力安全工作规程（配电部分）》（试用版）依据《中华人民共和国安全生产法》（2014 年修订版，12 月 1 日起实施）和《中华人民共和国劳动法》等国家有关法律、法规，结合电力生产实际制定。《配电安规》贯彻了"安全第一、预防为主、综合治理"的工作方针，通过规范生产现场各类工作人员的行为实现人身、电网、设备安全。

一、事故案例一：违章指挥未制止，盲目登杆致伤亡

1. 案例过程

2018 年 6 月 20 日，××供电公司所属集体企业进行 10kV 王大一线 05～09 号杆塔换线、更换绝缘子作业，已进行过现场勘查。9 时 20 分，在完成许可开工手续后，工作负责人吴××带领工作班成员王××、李××二人来到 05 号杆塔下拆除旧绝缘子，安排王××上杆拆除绝缘子，李××负责地面监护。因前天下雨，05 号杆周围土质松软且有下陷，王××表示有倒杆可能，不能上杆作业，但工作负责人吴××表示没有危险，要求王××继续上杆，随即离开；王××在未夯实杆基、未打临时拉线情况下上杆作业，李××未对王××违章行为进行制止。王××在电杆顶部作业时，电杆倾倒，导致杆上王××被砸身亡。

2. 违反《配电安规》条款

1.2　任何人发现有违反本规程的情况，应立即制止，经纠正后方可恢复作业。作业人员有权拒绝违章指挥和强令冒险作业；在发现直接危及人身、电网和设备安全的紧急情况时，有权停止作业或者在采取可能的紧急措施后撤离作业场所，并立即报告。

1.7 从事配电相关工作的所有人员应遵守并严格执行本规程。

3. 案例分析

工作负责人吴××安全责任意识差,存在盲目指挥行为。电杆周边土质因雨水侵蚀而松软、不稳固,致使电杆基础不实,若有人在电杆顶端作业,则增加电杆负重,重心上移,容易引发倒杆事故,吴××存在侥幸心理、忽略现场危险点,主观认为杆塔能承受一人重量,不会发生事故,故强令王××上杆作业。王××安全意识不足,在收到吴××的违章指挥命令时,未拒绝,只是口头提出有作业危险。现场监护人员李××安全意识差、未履行监护职责,未及时制止工作负责人吴××的违章指挥和作业人员王××的违章行为。

二、事故案例二:创新工具未批准,盲目试验致受伤

1. 案例过程

××县供电公司一配电班组为有效驱除杆上鸟窝,新发明了一款鸟窝驱除工具。为验证新设备实用性,2018 年 4 月 12 日下午,配电班长孙××带领班组成员刘××驱车前往某10kV 线路进行新设备试验(未得到本单位批准),发现 52 号杆塔上有一鸟窝,孙××随即指挥刘××登杆使用鸟窝去除器进行操作,刘××在未戴绝缘手套、未戴安全帽的情况下开始登杆操作。作业期间,鸟窝去除器顶端挂钩卡在横担上,刘××用力过猛致使绝缘杆中部断裂,鸟窝去除器掉下砸到刘××肩部,致使刘××锁骨骨折。

2. 违反《配电安规》条款

1.3 在试验和推广新技术、新工艺、新设备、新材料的同时,应制定相应的安全措施,经本单位批准后执行。

3. 案例分析

配电班长孙××在未得到本单位批准的情况下进行新设备试验,且未提前制定相应的安全措施,未制止刘××的违章行为,致使作业人员刘××在操作时发生意外。

三、小结

本章为《配电安规》的总则部分,本部分主要结合国家和行业相关法律法规,阐述了编制配电安规的目的,赋予了作业人员权利,明确了规程适用的设备、场所、人员、相关标准、参照附录,是配电作业现场的通用概括内容,需严格遵守。

在作业过程中,工作班成员无论何人发现违反《配电安规》条款的情况,都应立即制止,经过改正,操作正确无误后才可以恢复作业。当发现作业人员的操作危及人身、电网或设备安全时,应马上停止作业,或采取可能的应急措施后撤离作业现场。

2 配电作业基本条件

2.1 作 业 人 员

一、事故案例一:身体病症有碍工作至触电死亡

1.案例过程

2006年4月11日上午11时30分左右,××市电力公司控股的××县供电公司所辖××供电营业所所长朱××安排员工吴××、宗××到10kV♯144河温线和10kV♯234农河线环网处更换绝缘子。吴××为现场工作负责人,履行完许可开工手续和挂完接地线后,宗××按照工作安排到6号杆塔下准备登杆,吴××未告知宗××现场有交叉跨越35kV带电线路,宗××在不知现场危险点的情况下登杆作业,未使用个人保安线,导致感应电触电,从杆上摔下,吴××因未学会紧急救护法,现场未对宗××进行紧急施救,宗××送医后抢救无效死亡。经查,宗××近两年未进行身体检查,其患有高血压病,不适于杆上作业。

2. 违反《配电安规》条款

2.1.1　经医师鉴定,无妨碍工作的病症(体格检查每两年至少一次)。

2.1.2　具备必要的安全生产知识,学会紧急救护法,特别要学会触电急救。

2.1.5　作业人员应被告知其作业现场和工作岗位存在的危险因素、防范措施及事故紧急处理措施。

3. 案例分析

一是工作负责人吴××安全责任心差,存在工作失职行为,在作业开始前未告知作业人员宗××现场危险点及注意事项,未告知有交叉跨越带电线路,宗××在登杆作业时未使用个人保安线,导致感应电触电。作业开始前,每名作业人员应结合自身工作实际提前熟知现场危险点,制定相关安全措施,并检查安全措施是否完善,工作负责人应提前做好现场勘查,进行全面危险点告知,并向作业人员交代好安全措施。

二是工作负责人吴××未掌握安全急救常识,在宗××触电摔下后,未能在第一时间开展心肺复苏抢救,错过最佳施救时间。公司系统员工应全员进行安全急救方面的培训,并重点进行触电急救学习。

三是作业人员宗××近两年未做体检,不了解自身有高血压病症,身体条件不适合进行高处作业;所以工作人员必须做好每年的身体检查,在作业开始前确认身体、精神状态良好。

二、事故案例二:未参加安全培训,强行作业引发事故

1. 案例过程

2007年9月7日上午,××供电公司工作负责人王××组织工作班成员杨××、黄××等5名外包人员,对杨上台区0.4kV分支线路电杆进行撤移施工,此5名外包人员为临时参加工作,均未经过安全生产知识教育和岗位技能培训,未经过安规考试。9时20分,工作负责人王××组织杨××、黄××共3人实施2号杆导线和横担拆除工作(此前2号杆杆基培土已被开挖,深度约为电杆埋深的1/2)。工作负责人王××未组织采取防范措施,就同意杨××上杆作业。8时30分,杨××在拆除杆上导线后继续拆除电杆拉线抱箍螺栓,导致电杆倾倒,杨××随电杆一同倒下。电杆压在杨××胸部,经送医院抢救无效死亡。

2. 违反《配电安规》条款

2.1.3　接受相应的安全生产知识教育和岗位技能培训,掌握配电作业必备的电气知识和业务技能,并按工作性质,熟悉本规程的相关部分,经考试合格后上岗。

2.1.4　参与公司系统所承担电气工作的外单位或外来工作人员应熟悉本规程;经考试合格,并经设备运维管理单位认可后,方可参加工作。

2.1.9　作业人员对本规程应每年考试一次。因故间断电气工作连续三个月以上者,应重新学习本规程,并经考试合格后,方可恢复工作。

2.1.10　新参加电气工作的人员、实习人员和临时参加劳动的人员(管理人员、非全日制用工等),应经过安全生产知识教育后,方可下现场参加指定的工作,并且不得单独工作。

3.案例分析

参加工作的外包人员在作业前均未参加安全教育培训,未经安规考试,对现场基本安全防护要求不了解,不知道作业危险点在哪,不知道如何采取安全措施,安全自保意识差,极易发生危险。工作负责人在现场工作条件不满足的情况下组织施工,存在违章指挥,盲目作业情况。因此,对于进入现场的外协人员、新员工、厂家人员等都要每年组织培训和考试,现场作业人员对安全知识要时刻铭记心中,懂得自保、互保,每一个细节疏漏都有可能带来危险。

三、小结

1.作业人员应具备必要的安全生产知识,学会紧急救护法,特别要学会触电急救。应通过模拟人进行实际的练习,实际操作。其他安全学习也应以技能操作为主,避免纸上谈兵。

2.现场作业人员应满足的基本条件:一是应开展日常的培训考试,熟悉安全知识、紧急救护;二是进入现场应正确穿戴安全帽、工作服等劳动防护用品;三是要提前了解现场安全措施和作业危险点。

2.2　配电线路和设备

一、事故案例一:无带电显示装置,作业人员误判酿事故

1.案例过程

2011年4月25日上午8时25分,××供电公司王××接电话通知,办好票后带领工作人员赵××处理光明小区箱式变电站故障。到达现场后,此箱式变电站进线电源侧无带电显示装置,王××主观认为10kV线路已停电,指挥赵××打开箱式变电站的变压器前方设备开始检查。9时10分听到赵××"啊"的一声,发现其倒在了箱式变电站的变压器前,送医检查诊断赵××为Ⅲ度烧伤。

2. 违反《配电安规》条款

2.2.5 封闭式高压配电设备进线电源侧和出线线路侧应装设带电显示装置。

2.2.6 配电设备的操作机构上应有中文操作说明和状态指示。

3. 案例分析

现场箱变的进线电源侧无带电显示装置,导致现场人员无法有效确认设备是否带电,李××凭经验认为设备不带电,指挥张××作业时导致触电。当无法确认设备是否带电时,应先进行验电,确认设备是否停电,并做好安全技术措施。

二、小结

1. 在绝缘导线所有电源侧及适当位置(如支接点、耐张杆处等)、柱上变压器高压引线,应装设验电接地环或其他验电、接地装置。

2.封闭式高压配电设备进线电源侧和出线线路侧应装设带电显示装置。

3.配电设备的操作机构上应有中文操作说明和状态指示。

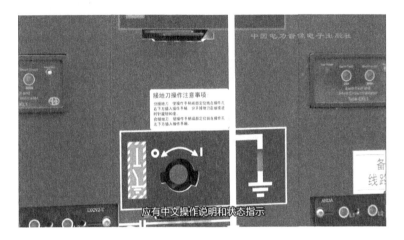

4.封闭式组合电器引出电缆备用孔或母线的终端备用孔应用专用器具封闭。

5.待用间隔(已接上母线的备用间隔)应有名称、编号,并纳入调度控制中心管辖范围。其隔离开关(刀闸)操作手柄、网门应能加锁。

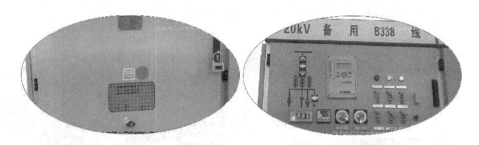

6.高压手车开关拉出后,隔离挡板应可靠封闭。

7.合格的线路设备是保障安全施工的基础,能使现场人员明确现场带电情况、避免误操作、隔离带电设备等,提高作业效率,保障电网、设备、人身安全。

2.3 作业现场

一、事故案例一:劳动防护用品不完备造成触电事故

1.案例过程

2004年8月21日,××供电公司供电所王××、袁××为一用户改线并装电能表。两人办理好工作票后即驾驶抢修车辆赶赴现场,车上未配备急救箱,未携带手套和护目镜等防护用品,王××负责拆旧和送电,袁××负责安装电能表,两人分头开始工作。王××(身着短袖上衣和七分裤,脚穿拖鞋)站在铁管焊制的梯子约1.8m处拆旧和接线,在用带绝缘手柄的钳子剥开相线(火线)的线皮时,左手不慎碰到带电的导线上,触电后摔落在地面上,随即出现头晕、心梗症状,送医后经抢救无效死亡。

2.违反《配电安规》条款

2.3.1 作业现场的生产条件和安全设施等应符合有关标准、规范的要求,作业人员的劳动防护用品应合格、齐备。

2.3.2 经常有人工作的场所及施工车辆上宜配备急救箱,存放急救用品,并应指定专人经常检查、补充或更换。

3.案例分析

作业人员王××、袁××在进行低压装表作业时,未配备必要的手套、护目镜等个人防护用品,王××在剥开导线时未戴手套,致使低压触电身亡。现场未按要求配备急救箱和急救药品,导致王××在触电倒地后未得到及时救治。现场作业时,作业人员的劳动防护用品应准备齐全、确保合格,根据作业情况穿戴必要的防护用具,并检查穿戴完好。急救用品等应齐全,并由专人经常检查,根据实际情况及时进行补充或更换。

二、事故案例二:进入设备区未通风致作业人员晕倒

1.案例过程

2012年8月25日上午,××供电公司变电运维一班姚××、孙××到某110kV地下配电站进行设备巡视检查,此配电站装有SF₆设备,在进入设备区前未进行通风,检查中两人均出现晕倒现象,后经证实两人晕倒原因为SF₆中毒。

2.违反《配电安规》条款

2.3.4　装有SF₆设备的配电站,应装设强力通风装置,风口应设置在室内底部,其电源开关应装设在门外。

3.案例分析

SF₆气体为有毒气体,为防止作业人员中毒,在进入配有SF₆设备的密闭空间内,要先进行强力通风,排除有毒气体。作业人员姚××、孙××进入设备区前未进行通风,导致SF₆中毒。作业人员应对作业现场的设备情况进行足够了解,全面掌握现场的安全隐患,并按照规程的规定进行操作。

三、事故案例三:电缆沟未盖好导致人员摔伤

1.案例过程

2014年8月10日中午,××公司运行工区工作负责人林××带领王××等4人持票进

行35kV××室内配电站电缆沟改造作业,当日工作完工后,因次日还需进行电缆沟铺设电缆作业,工作负责人林××安排王××用软绝缘垫将电缆沟盖上,未用盖板将电缆沟盖好。在次日凌晨开工作业时,王××不慎踩中绝缘垫后掉入电缆沟,导致左腿骨折。

2.违反《配电安规》条款

2.3.12 配电站、开闭所的井、坑、孔、洞或沟(槽)的安全设施要求。

2.3.12.1 井、坑、孔、洞或沟(槽),应覆以与地面齐平而坚固的盖板。检修作业,若需将盖板取下,应设临时围栏、并设置警示标识,夜间还应设红灯示警。临时打的孔、洞,施工结束后,应恢复原状。

3.案例分析

工作场所的井、坑、孔、洞或沟(槽),都应有与地面齐平而坚固的盖板,防止作业人员绊倒、坠落。工作负责人林××为图方便,未对电缆沟覆盖与地面齐平而坚固的盖板,也未设置警示标识,只是将不坚固的软绝缘地垫盖在电缆沟上,埋下了安全隐患。次日开工作业时,因光线不好,王××未能分辨出绝缘垫,误踩绝缘垫坠落电缆沟受伤。

四、小结

1.配电站、开闭所户外高压配电线路、设备的裸露部分在跨越人行过道或作业区时,若导电部分对地高度分别小于2.7m、2.8m,该裸露部分底部和两侧应装设护网。户内高压配电设备的裸露导电部分对地高度小于2.5m时,该裸露部分底部和两侧应装设护网。

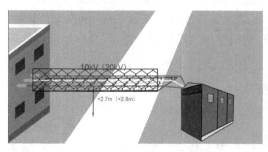
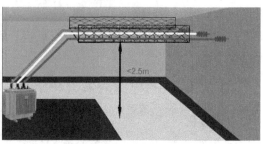

2.配电站、开闭所户外高压配电线路、设备所在场所的行车通道上,应根据表2-1设置行车安全限高标志。

表2-1 车辆(包括装载物)外廓至无遮栏带电部分之间的安全距离

电压等级(kV)	安全距离(m)
10	0.95
20	1.05

3.凡装有攀登装置的杆、塔,攀登装置上应设置"禁止攀登,高压危险!"标示牌。装设于地面的配电变压器应设有安全围栏,并悬挂"止步,高压危险!"等标示牌。

4.井、坑、孔、洞或沟(槽),应覆以与地面齐平而坚固的盖板。检修作业,若需将盖板取下,应设临时围栏、并设置警示标识,夜间还应设红灯示警。临时打的孔、洞,施工结束后,应恢复原状。

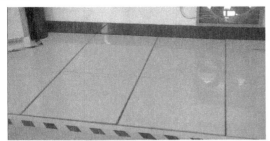

5.作业现场应满足的基本条件:现场作业人员所需劳动防护用品、急救用品需齐备、合格;作业人员在变电站内工作时应与变电站带电设备保持足够的安全距离;对标示牌悬挂、变电站通风排水设备、坑洞等应严格遵守相关要求。这些基本条件都是为了保护作业人员不受伤害、远离危险,我们应严格遵守,发现问题及时指正。

3　保证安全的组织措施

3.1　在配电线路和设备上工作,保证安全的组织措施

在配电线路和设备上工作,保证安全的组织措施一般包括以下六项制度:现场勘查制度、工作票制度、工作许可制度、工作监护制度、工作间断及转移制度、工作终结制度。配电线路和设备有关施工、检修作业,应严格执行以上制度并认真做好记录。

3.2　现场勘查制度

一、事故案例一:现场勘查未到位,倒杆高摔造成人身伤亡事故

1. 案例过程

×年×月×日,××供电公司工作负责人张××带领李××、孙××(伤者)等4人更换10kV线路××支线24~25号杆间导线(故障抢修)。12时20分,张××在未办理事故抢修

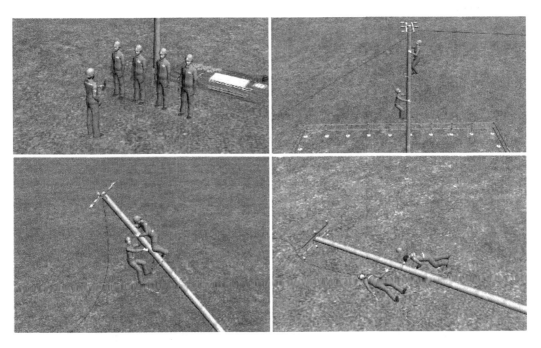

工作票的情况下,安排李××、孙××二人攀登 24 号和 25 号杆进行原导线的拆除工作,安排另外两人负责地面工作。工作票签发人王××、工作负责人张××未提前进行现场勘察,未采取防止倒杆的防范措施,就同意李××和孙××上杆作业。12 时 25 分,李××先使用安全带围杆带和脚扣攀登至 25 号杆顶部进行杆上导线拆除,在杆上李××未系紧安全帽的下颚带。此时孙××开始攀登此支线 25 号杆,在孙××攀登过程中,该电杆向拉线侧倾倒,李××、孙××随电杆一同倒下。李××脑部先着地,且安全帽已脱离头部,经抢救无效死亡,孙××大腿根部骨折。

2.违反《配电安规》条款

工作负责人未进行现场勘察,未发现影响作业的危险点,违反了《配电安规》

3.2.1 配电检修(施工)作业和用户工程、设备上的工作,工作票签发人或工作负责人认为有必要现场勘察的,应根据工作任务组织现场勘察,并填写现场勘察记录。

3.2.2 现场勘察应由工作票签发人或工作负责人组织,工作负责人、设备运维管理单位(用户单位)和检修(施工)单位相关人员参加。对涉及多专业、多部门、多单位的作业项目,应由项目主管部门、单位组织相关人员共同参与。

3.2.3 现场勘察应查看检修(施工)作业需要停电的范围、保留的带电部位、装设接地线的位置、邻近线路、交叉跨越、多电源、自备电源、地下管线设施和作业现场的条件、环境及其他影响作业的危险点,并提出针对性的安全措施和注意事项。

3.案例分析

工作票签发人、工作负责人缺乏责任心,未严格执行现场勘查制度,未在作业前进行现场勘察,未掌握现场设备状况,未能对可能存在的安全风险进行分析并制定相应的安全措施。

在制定工作方案、填写工作票之前,工作负责人应提前进行现场勘察,对工作点处的线路、设备设施进行仔细检查,并对周边的设备设施情况,邻近线路情况,周围的建筑物、施工现场、树木等进行检查,及时发现问题并制定相应措施。

在开始作业前,工作负责人应认真检查作业人员劳动防护用具的穿戴情况,确认每名作业人员的劳动防护用具已经穿戴完备。若发现劳动防护用具穿戴不合格的情况,应及时进行纠正。作业人员应为自己的安全着想,按要求认真穿戴劳动防护用具。

二、事故案例二:擅自登杆作业,电杆倾倒造成伤亡事故

1.案例过程

×年×月×日,××供电公司小组负责人马××带队(共 14 人)更换白支 9、10、16 号和 17 号电杆(9、17 号为耐张杆)。许可开工后,马××带领工作人员到达白支 9 号杆,因雨后土质松软,无法使用吊车,决定大部分工作人员和吊车转移到 17 号杆工作,待地面稍干后再更换 9 号杆。同时,马××指定赵××担任 9 号杆工作的临时负责人,安排赵××、孙×× "完成 3 根新拉线制作、拉线盘、拉线棒的安装,安装好临时拉线后再放下导线,等待其他人员和吊车回来后进行换杆工作"后离开 9 号杆现场。赵××和孙××将 3 条新拉线的拉线卡盘放入拉线

坑并调整好位置后,赵××安排孙××到9号杆东北空地上制作新拉线,自己进行新拉线棒与拉线盘连接工作。11时20分,赵××完成新拉线棒安装后,在没有监护的情况下擅自登杆,在没有安装临时拉线的情况下,首先解开9号杆南侧拉线上把,随后放下北侧三相导线。11时48分,赵××将西南侧三相导线松开,导致电杆向东北侧倾倒,赵××被电杆压在下方,经抢救无效死亡。

2. 违反《配电安规》条款

工作负责人在现场勘察时不仔细,未发现影响作业的危险点,违反了《配电安规》

3.2.3　现场勘察应查看检修(施工)作业需要停电的范围、保留的带电部位、装设接地线的位置、邻近线路、交叉跨越、多电源、自备电源、地下管线设施和作业现场的条件、环境及其他影响作业的危险点,并提出针对性的安全措施和注意事项。

3.2.5　开工前,工作负责人或工作票签发人应重新核对现场勘察情况,发现与原勘察情况有变化时,应及时修正、完善相应的安全措施。

3. 案例分析

此次要更换电杆作业为雨后工作,工作前工作负责人未重新核对现场勘察情况,导致未发现雨后土质松软,无法在9号杆处使用吊车的情况,是造成本次事故的主要原因。在开工前,工作负责人或工作票签发人应重新核对现场勘察情况,发现与原勘察情况有变化时,应及时修正、完善相应的安全措施。作业人员赵××在无人监护情况下擅自登杆作业,导致电杆倾倒,被压在电杆下方导致死亡,也是造成本次事故的一大重要原因。

三、小结

有必要进行现场勘查的检修作业,是指工作票签发人或工作负责人对该作业的现场情况掌握、了解不够,需在作业前进行勘查的配电相关工作,并填写现场勘查记录。现场勘查可由工作票签发人组织,也可由工作负责人组织。

生产现场受天气、周围施工、交通情况等影响比较大,且随时可能有变化。开始作业前,工作负责人应组织作业人员重新对生产现场进行勘察,发现与原勘察记录不一致的情况应及时完善组织措施、安全措施、技术措施,保证作业安全。

3.3　工作票制度

一、事故案例一:无票作业,触电坠落造成重伤

1. 案例过程

××年×月×日,××供电分公司工作负责人郑××带领王××(伤者)和申××持故障紧急抢修单到达用户报修现场。经检查发现,10kV西安线安达干49号变压器台(简称变台)南100m处46号杆低压零线断线。工作任务结束、恢复送电后,王××看见49号变台北侧紧挨

着一个已经拆除的闲置变台上有低压横担和 3 只低压开关（3 只低压开关距离 49 号变台带电处 1.7m 左右），就想上去拆掉 3 只低压开关，说以后修理时能用上（使用）。郑××说："别拆了，没有用。"王××没有听，从北侧闲置变台南柱爬了上去，拆下 3 只闲置低压可摘挂式熔断器后，又拆低压开关底座。由于底座固定螺丝锈蚀，王××便跨到运行变台要拆固定底座的低压横担上，郑××说："小心，上面带电！"郑××说完就去收拾工器具。约 3 分钟后，王××从 49 号变台北侧杆高低压间下杆时发现钳子丢落在变压器大盖上面，又从高压侧登上去取钳子，刚上变台，因雨后脚滑失稳，于是本能地用右手抓住配电变台横担支撑拉板，左手碰到了 10kV 母线 C 相引下线上，造成触电坠落，身受重伤。

2. 违反《配电安规》条款

工作班成员王××未严格履行自身职责，违反《配电安规》

3.3.12.5　工作班成员：

（2）服从工作负责人（监护人）、专责监护人的指挥，严格遵守本规程和劳动纪律，在指定的作业范围内工作，对自己在工作中的行为负责，互相关心工作安全。

工作负责人郑××未对工作人员进行全过程监护，未制止违章行为，使王××失去监护，违反《配电安规》

3.3.12.2　工作负责人：

（5）监督工作班成员遵守本规程、正确使用劳动防护用品和安全工器具以及执行现场安全措施。

抢修工作结束后，工作班成员王××拆除闲置变台上的低压横担和 3 只低压开关，属无票作业，违反《配电安规》

3.3.3　填用配电第二种工作票的工作。高压配电（含相关场所及二次系统）工作，与邻近带电高压线路或设备的距离大于表 3−1 规定，不需要将高压线路、设备停电或做安全措施者。

3. 案例分析

现场工作班成员应严格履行自身职责，工作现场服从工作负责人及专责监护人的指挥，工作负责人应对工作人员进行全过程监护，及时制止违章行为。

工作中，不得私自变更工作内容，应按工作票的要求进行作业。工作过程中，如果私自更换作业内容，因事先未进行现场分析，缺少对危险点的判断和预防，缺少必要的安全措施，易造成事故。

近电作业应"填用配电第二种工作票"，并按相关要求，根据现场工作条件设置必要的安全措施后再进行现场工作。

二、事故案例二：事故抢修，作业人员触电重伤

1. 案例过程

×年×月×日，××供电公司李××接电话通知，带领工作人员张××处理朝阳小区箱式变电站故障，到达现场后，李××认为 10kV 朝一路已停电，指挥张××打开箱式变电站的变

压器设备开始检查,开始工作约 10 分钟后,张××突然倒在了箱式变电站的变压器前,李××上前检查发现张××遭到了电击。后经检查发现 10kV 朝一路未停电,站内设备带电。

2. 违反《配电安规》条款

朝阳小区箱式变电站故障处理工作,属无票作业,违反《配电安规》

3.3.6　填用配电故障紧急抢修单的工作。配电线路、设备故障紧急处理应填用工作票或配电故障紧急抢救单。

3. 案例分析

朝阳小区箱式变电站故障处理工作,属无票作业,没有进行危险点分析,缺少必要的安全措施和技术措施。作业时,作业人员未按照安规要求进行正确验电。工作班成员应对自己的安全负责,熟悉工作内容,熟悉工作流程,熟悉作业过程中的危险点及预防措施,严格遵守《配电安规》的相关要求,严格遵守劳动纪律,杜绝麻痹思想。

三、事故案例三:登杆低压计量检查,作业人员触电伤亡

1. 案例过程

×年×月×日,安溪县供电公司湖头中心供电所湖上营业所钟××(工作负责人,农电工)、刘××(男,41 岁,农电工),按照所长颜××指派,到湖上村 R0003 配电台区进行低压计量异常检查。15 时 22 分刘××在钟××监护下,利用竹梯登至配变综合配电箱处,检查低压互感器变比(综合配电箱距离地面高度约 2.3m,刘××站在竹梯第 7 层,距地面高度约 1.9m)。检查过程中,刘××左手扶变台金属部分,右手用手机拍摄低压互感器铭牌时,食指、无名指不慎碰触到低压 220V(C 相)铝排裸露的连接部位(空气断路器上端),造成触电并从竹梯坠落到地面,钟××立即对其进行急救。15 时 55 分,湖上乡医院医护人员赶至现场继续急救,后送到湖头镇医院进行抢救,经抢救无效死亡。

2. 违反《配电安规》条款

工作负责人钟××互保意识差,违反《配电安规》

3.3.12.2　工作负责人(监护人):

(1)正确组织工作。

(2)检查工作票所列安全措施是否正确完备,是否符合现场实际条件,必要时予以补充完善。

(3)工作前,对工作班成员进行工作任务、安全措施、技术措施交底和危险点告知,并确认每个工作班成员都已签名。

(4)组织执行工作票所列由其负责的安全措施。

(5)监督工作班成员遵守本规程、正确使用劳动防护用品和安全工器具以及执行现场安全措施。

(6)关注工作班成员身体状况和精神状态是否出现异常迹象,人员变动是否合适。

3. 案例分析

工作负责人没有尽到监护责任,没有布置低压带电检查防触电的安全措施,工作过程中没有及时发现并制止刘××的违章行为,是事故发生的重要原因。工作负责人应按规程的规定严格要求作业人员,随时察看作业人员的情况,及时发现问题并制止。

制定安全措施时,工作负责人应根据工作地点的线路、设备设施情况,按规程的规定对每一个危险点进行分析,并制定相应的安全措施,在作业时注意预防。特别是周围的带电线路或带电设备,应进行绝缘遮蔽或绝缘隔离。

四、小结

工作票制度包括了在配电线路和设备上进行工作的六种方式。配电工作票是准许在配电线路和设备上进行检修、抢修、安装、土建等相关工作的书面命令,也是明确安全职责,向工作班人员进行安全交底,履行工作许可、监护、间断、转移和终结手续及实施保证安全技术措施的书面依据和记录载体。

3.4 工作许可制度

一、事故案例一:安装计量表计,作业人员触电伤亡

1. 案例过程

×年×月×日,××供电公司工作负责人王××(死者)带领张×和刘××前往中山路商业街配电房高压计量柜内安装计量表计。8时40分,王××等进入高压配电室,来到计量柜

前,询问用户电工设备有没有电时,用户电工答:"表都没装,怎么会有电!"(实际进线高压电缆已带电)。然后王××吩咐刘××从车上将工器具及表计等搬下车,张××松开计量表计的接线端子螺丝,王××自己一人走到高压计量柜前,打开计量柜门(门上无闭锁装置),将头伸进柜内察看柜内设备安装情况,高压计量柜带电部位当即对王××头部放电,王××经抢救无效死亡。

2. 违反《配电安规》条款

工作负责人未确认用户设备的运行状态及进行验电,违反了《配电安规》

3.4.8 在用户设备上工作,许可工作前,工作负责人应检查确认用户设备的运行状态、安全措施符合作业的安全要求。作业前检查多电源和有自备电源的用户已采取机械或电气联锁等防反送电的强制性技术措施。

3. 案例分析

工作负责人王××在未了解用户设备运行方式和状态,未经验电的情况下接触带电设备,造成此次事故的发生。在工作前,应对工作的设备及邻近的设备进行验电,确认设备无电,并采取保障安全的技术措施后方可开始作业。

二、小结

1. 工作许可制度是确保工作人员安全作业必不可少的组织措施,履行工作许可是运检双方确认安全措施已设置完善及许可工作的必要手续。工作许可人在确认施工现场工作票所列由其负责完成的安全措施后,方可下达许可工作命令。

2. 公司系统人员到用户设备上工作,工作负责人应事先熟悉用户设备运行方式和状态。在许可工作前还应检查确认用户设备运行状态,确保现场安全措施满足作业要求。

3. 多电源用户电源接入处采取机械或电气联锁,是防止多路电源合环和向停电区域反送电的措施。停电作业时应检查其是否能够可靠联锁,以防止向停电区域送电。

3.5 工作监护制度

一、事故案例一:变压器进行绝缘测试,作业人员触电死亡

1. 案例过程

×年×月×日,××供电公司 10kV 外桐 152 线因雷击造成单相接地,工作负责人王××带领 4 名工作人员进行巡线。8 时 30 分,巡线人员拉开外桐 152 线富石支线的高压熔断器并取下三相熔管(没有发现有一相用导线临时短接),外桐 152 主线恢复送电。王××等在巡视至富石支线富峰电站(并网小水电)时,根据线路故障情况判断,认为故障点可能在富石支线富峰电变压器进行绝缘测试站变压器上,王××通知富峰电站停机后,即打算对该变压器进行绝缘测试。上午 9 时 30 分左右,王××进入该落地变压器院子内,其他工作人员在其后 10 余米

内。王××在未采取安全措施的情况下(验电器、绝缘杆和接地线放在汽车上),就去拆变压器的高压端子,其他人员听到王××喊了一声:"有电",然后就发现王××已触电倒在地上。

2. 违反《配电安规》条款

王××在未采取安全措施的情况下,拆变压器的高压端子,违反了《配电安规》

3.5.1 工作许可后,工作负责人、专责监护人应向工作班成员交代工作内容、人员分工、带电部位和现场安全措施,告知危险点,并履行签名确认手续,方可下达开始工作的命令。

3. 案例分析

事故中王××安全意识差,存在侥幸心理、忽略现场危险点,在未采取验电、接地等安全措施的情况下(验电器、绝缘杆和接地线放在汽车上),就去拆变压器的高压端子,造成触电身亡。监护人员未履行监护职责,未及时制止工作负责人王××的违章行为。

巡线人员粗心大意,拉开外桐152线富石支线的高压熔断器并取下三相熔管时没有发现其中一相用导线临时短接,导致主线恢复送电,使该变压器带电。

二、小结

1. 工作票许可手续完成以后,工作负责人、专责监护人对工作内容、人员身份、带电部位、现场安全措施和危险点已经确认。为进一步让工作班成员掌握上述内容,保证工作安全,工作负责人、专责监护人应在工作前向工作班成员进行工作及安全交底,明确告知本次工作的具体内容、停电范围、带电部位和实施的相关安全措施、安全风险及防控措施、分工情况等,并履行确认手续。

2.工作过程中,工作负责人和专责监护人必须始终在工作现场(不得擅自脱离岗位),对工作班成员的安全进行监护,及时纠正不安全行为,防止触电、机械伤害、高处坠落等事故发生。

3.为防止检修人员失去监护而发生事故或意外,且无法得到及时救护,作业人员不宜单独进入、滞留在高压室、开闭所等带电设备区域。针对部分需在多处进行的工作,在安全措施可靠时,可以准许工作班中有实际经验的一个人或几个人同时在他室进行工作,但工作负责人应事前将有关安全注意事项告知清楚。如果在他室进行工作的作业人员有两人或两人以上时,应指定其中一人负责监护。

3.6 工作间断、转移制度

一、事故案例一:擅自登杆,导致人身触电死亡

1.案例过程

×年×月×日,××供电公司小组负责人马××带队更换9号电杆。到达现场后,因雨后土质松软,无法使用吊车,决定暂停工作,待地面稍干后再更换电杆,未履行工作许可手续和装设接地线。同时,马××安排赵××、孙××在地面先完成3根新拉线制作、拉线盘、拉线棒的安装,后离开9号杆现场。赵××完成新拉线棒安装后,在没有监护的情况下擅自登杆,导致人身触电,经抢救无效死亡。

2.违反《配电安规》条款

赵××在没有监护的情况下擅自登杆,导致人身触电违反《配电安规》

3.6.3 工作间断,工作班离开工作地点,若接地线保留不变,恢复工作前应检查确认接地线完好;若接地线拆除,恢复工作前应重新验电、装设接地线。

3.案例分析

赵××完成新拉线棒安装后,在没有监护的情况下擅自登杆,导致人身触电。按配电安规规定,在工作间断期间,若工作班成员全部离开工作地点,应采取措施或派人看守,不让人、畜接近挖好的基坑或未竖立稳固的杆塔以及负载的起重和牵引机械装置等。

二、小结

1.当作业过程中出现大风、雷雨、突发洪水、地质灾害等异常情况时,会威胁到工作人员人身安全,工作负责人或专责监护人应果断停止现场工作。

2.工作间断期间,接地线等安全措施可能因自然环境、人为因素而遭受破坏,导致重新恢复工作时产生安全隐患,故在恢复工作之前,应首先检查接地线等安全措施的完整性,若接地线拆除,恢复工作前应重新验电、装设接地线,确认工作条件是否变化。只有当所有安全措施符合工作票及现场安全要求时,才可恢复作业。

3.7　工作终结制度

一、事故案例一：工作结束后未经允许，私自登杆造成触电死亡

1. 案例过程

×年×月×日，××供电公司工作负责人刘××带领工作班成员王××在花庄分支线 41 号杆进行线路接引工作，工作结束后刘××下令拆除工作地段工作班成员装设的接地线。作业结束后，王××发现操作扳手遗留在杆塔上，未经允许，私自登杆取扳手，其他人员听到王××喊了一声："有电"，然后就发现王××已倒在地上。王××经抢救无效死亡。

2. 违反《配电安规》条款

王××未经允许，私自登杆违反了《配电安规》

3.7.1　工作完工后，应清扫整理现场，工作负责人（包括小组负责人）应检查工作地段的状况，确认工作的配电设备和配电线路的杆塔、导线、配变、绝缘子及其他辅助设备上没有遗留个人保安线和其他工具、材料，查明全部工作人员确由线路、设备上撤离后，再命令拆除由工作班自行装设的接地线等安全措施。接地线拆除后，任何人不得再登杆工作或在设备上工作。

3.7.2　工作地段所有由工作班自行装设的接地线拆除后，工作负责人应及时向相关工作许可人（含配合停电线路、设备许可人）报告工作终结。

3. 案例分析

王××发现操作扳手遗留在杆塔上，未经允许，私自登杆取扳手，是发生事故的主要原因。《配电安规》规定接地线拆除后，任何人不得再登杆工作或在设备上工作。工作地段的接地线拆除以后，即应视为设备线路带电，不允许任何人再登上设备和线路进行任何工作。

二、小结

工作完工后，工作人员应及时清扫工作现场，工作负责人应对检修地段进行仔细检查，确认在配电设备和线路杆塔上、导线上、绝缘子及其他辅助设备上没有遗留的个人保安线、工具、材料等，防止遗留物造成检修设备、线路送电后发生短路、接地等故障。

检查无问题后，工作负责人要查明并确认全部工作人员已撤下，方可下令拆除工作班自行装设的接地线等安全措施。

工作地段的接地线拆除以后，即视为设备线路带电，不允许任何人再登上设备和线路进行任何工作。

4 保证安全的技术措施

4.1 在配电线路和设备上工作,保证安全的技术措施

一、事故案例一:邻近设备未停电酿事故

1. 案例过程

2019年××供电公司10kV青北线出线开关跳闸,经查为小王庄村东一台农用排灌变压器故障引起。9时20分,供电所王××作为工作负责人,带领张××、肖×等7人更换变压器。变压器安装在小房顶上,熔断器安装在房东侧一根独立的10m混凝土电杆上。工作开始,工作负责人安排现场人员拉开变压器熔断器后,完成了更换变压器工作。工作完工后,发现变压器中相熔断器下火连接不牢固。工作人员肖××向工作负责人汇报后,王××让肖××站在变压器上不要触及熔断器上火,把中相下火引线紧固。在工作过程中肖××误碰熔断器上火带电部分导致触电,造成重伤。

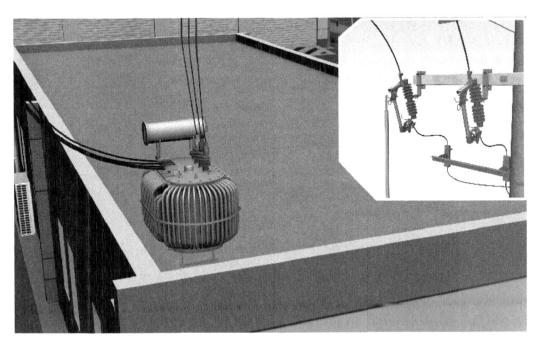

2. 违反《配电安规》条款

1.2 任何人发现有违反本规程的情况,应立即制止,经纠正后方可恢复作业。作业人员有权拒绝违章指挥和强令冒险作业;在发现直接危及人身、电网和设备安全的紧急情况时,有权停止作业或者在采取可能的紧急措施后撤离作业场所,并立即报告。

4.1 在配电线路和设备上工作保证安全的技术措施。

4.1.1 停电。

4.1.2 验电。

4.1.3 接地

4.1.4 悬挂标示牌和装设遮栏(围栏)。

3. 案例分析

本次事故中,更换变压器工作没有对所带变压器的线路停电,没有装设接地线,在不能保证安全距离和没有任何安全措施的情况下,在熔断器上火带电的情况下,工作负责人安排人员冒险作业是造成本次事故的主要原因。作为工作负责人,应该根据生产现场的实际情况,分析危险点,并制定合理的安全措施,杜绝冒险作业。

作业人员在明知现场安全技术措施不到位的情况,没有拒绝违章指挥,也是造成本次事故的一个重要原因。作业人员有权拒绝违章指挥和强令冒险作业。当发现工作负责人安排的工作不能满足安全条件时,应当提出异议并拒绝违章命令。

二、小结

为保证作业人员的人身安全,配电线路检修前首先要停电,工作地段周围线路及分支必须接地,接地前要验电,工作地点必须悬挂标示牌和装设遮栏(围栏)提醒人们不要随意进入。

停电、验电、接地、悬挂标示牌和装设遮栏(围栏)是保证作业人员人身安全的技术措施,是保证人身安全的防线。不按要求执行,就会给作业人员的人身安全带来极大的安全威胁,因此必须严格执行,不能有丝毫的麻痹和侥幸心理。

4.2 停 电

一、事故案例一:同杆共架线路未停电,导致作业人员触电

1. 案例过程

1996年11月2日,××供电公司实业公司线路班8名工作人员给用户进行换低压线工作。作业地点是高低压同杆架设的电杆。一人登杆作业,工作负责人在杆下监护。开工前交代了安全注意事项,特别强调了低压线路上方的10kV高压线路带电,工作时头部不得越过低压线路。11时10分左右,监护人在帮助杆上的人将顺低压导线时,杆上的工作人员因所处位置干活不方便,身体穿越了低压线,工作中手中扳手碰触到10kV分支熔断器下引线,造成触

电身亡。

2. 违反《配电安规》条款

4.2.1.3 大于表 4-1、小于表 3-1 规定且无绝缘遮蔽或安全遮栏措施的设备。应进行停电。

3.5.4 工作票签发人、工作负责人对有触电危险、检修（施工）复杂容易发生事故的工作，应增设专责监护人，并确定其监护的人员和工作范围。

专责监护人不得兼做其他工作。

3. 案例分析

在高低压同杆架设的低压线路上工作，作业人员工作中正常活动范围与 10kV 及以下电压等级高压线路、设备带电部分的安全距离不小于 0.35m；与 20kV、35kV 电压等级高压线路、设备不停电时的安全距离不小于 0.6m。在本次更换低压线的工作中，由于作业人员越过低压线，工作中手中扳手碰触到 10kV 分支熔断器下引线，说明低压线路工作时作业人员距 10kV 分支熔断器下引线安全距离不够，工作时，10kV 线路应停电。

作业人员对于安全距离的理解不到位。要保障作业人员安全，作业人员身体最大活动范围与带电部位之间的距离应大于安全距离，而不是指作业人员保持某一姿势时与带电部位之间的距离大于安全距离。这要考虑到作业人员在作业过程中有可能出现的各种动作，考虑到作业人员身体不稳定时的晃动对安全距离的影响，考虑到作业环境中影响作业人员动作的因素（如昆虫、大风、鸟类等）。

同时本次事故中，专责监护人在监护过程中从事其他工作，没有起到监护作用，也是造成

本次事故的一个重要原因。

二、小结

本节主要从两个方面对停电工作进行了讲述,一是在工作地点,哪些线路和设备需要停电;二是停电的具体要求。

在工作地点需要停电的线路和设备,内容包括与检修配电线路和设备相邻、安全距离小于规定的线路和设备、无法进行绝缘遮蔽和做安全措施的设备等 7 种情况。

对各种情况下的设备和线路怎样停电,进行了具体要求。如对难以做到与电源完全断开的检修线路、设备,可拆除其与电源之间的电气连接,确保电源与检修线路和设备之间有明显断开点。

对可直接在地面操作的断路器(开关)、隔离开关(刀闸)的操作机构应加锁,并悬挂"禁止合闸,有人工作!"或"禁止合闸,线路有人工作!"标示牌。

4.3 验 电

一、事故案例一:未采取安全措施,作业人员触电

1. 案例过程

2015 年 8 月 18 日,××县供电所 10kV ××线因雷击造成单相接地,供电所安排王×带领 4 名工作人员到有关线路巡视。在巡视至××支线××电站(并网小水电)时,分析认为故

障点可能在该站的变压器上,当即决定对该变压器进行绝缘测试。王××进入该落地变压器的院子内,其他人在其后10余米处。王××在未采取任何安全措施的情况下(验电、接地线和操作棒放在现场车上),就去拆变压器高压端子,造成触电,经抢救无效死亡。

2. 违反《配电安规》条款

3.3 工作票制度。在配电线和设备上工作,必须根据工作情况,填写相应的工作票。

3.3.12.5 工作班成员:

(2)服从工作负责人(监护人)、专责监护人的指挥,严格遵守本规程和劳动纪律,在指定的作业范围内工作,对自己在工作中的行为负责,互相关心工作安全。

4.3.1 配电线路和设备停电检修,接地前,应使用相应电压等级的接触式验电器或测电笔,在装设接地线或合接刀闸处逐相分别验电。

3. 案例分析

作业人员在带电的设备上工作,没有履行任何手续,没有办理停电手续就开始作业,凭感觉判断设备的状态,造成触电。在确定线路带电的情况下,应根据现场实际情况办理相应的工作票,安排好安全措施。

工作开始时,没有采取任何安全技术措施,没有进行停电、验电、挂接地线,就在设备上进行工作。检修工作,应严格按规程的规定执行,对待检修设备进行停电,并验电、挂接地线、悬挂标示牌和装设遮栏(围栏),保证作业人员和其他人员的人身安全。

王××测试变压器,其他人员没有进行劝阻,说明工作人员安全意识不强,职责不到位,没有互相关心工作安全。

二、小结

本节主要从两个方面讲述了验电,即直接验电和间接验电。

1. 直接验电。在验电过程中,要重点掌握四个关键环节,一是要确保验电器合格,验电前要使用工频高压发生器确证验电器良好;二是验电要使用绝缘手套;三是要与被验设备保持安全距离;四是掌握验电的先后顺序。

2. 间接验电。至少应有两个非同样原理或非同源的指示发生对应变化,且所有这些确定的指示均已同时发生对应变化,方可确认该设备无电压。

4.4 接 地

一、事故案例一:未验电即挂接地线,感应电伤人

1. 案例过程

2003年9月24日,××市区35kVA××变电站2号主变停电检修,向其供电的城南3511电缆线路同时停电检修。当日上午7时10分左右,××供电公司中心站操作人彭××

（带班人、监护人）带领操作人张×到××站进行相关操作。在完成 2 号主变转冷备用操作后，城南 3511 线路停电，在对城南 3511 进线电缆头验电操作后，张×爬上梯子准备在电缆头挂接地线，彭××没有及时纠正其未经放电就爬梯挂接地线这一行为。张×右手掌触及到城南 3511 线路电缆头导体处，左右大腿碰到在铁网门上，发生电缆剩余电荷触电，张×即从梯子上滑下，彭××上前对其进行人工心脏复苏急救，但终因抢救无效死亡。

2. 违反《配电安规》条款

3.3.12.4 专责监护人：

（3）监督被监护人员遵守本规程和执行现场安全措施，及时纠正被监护人员的不安全行为。

4.4.8 装设、拆除接地线均应使用绝缘棒并戴绝缘手套，人体不得碰触接地线或未接地的导线。

4.4.11 电缆及电容器接地前应逐相充分放电，星形接线电容器的中性点应接地，串联电容器及与整组电容器脱离的电容器应逐个充分放电。

3. 案例分析

验电后，在电缆头挂接地线时，作业人员人身触及没有接地的导体造成触电，是造成本次事故的主要原因。

在电缆头挂接地前，没有进行逐相放电。电缆因其结构原因，停电后的一段时间内，积累的电荷需要逐渐耗散。检修人员在刚停电的电缆线路上进行检修作业时，应逐相放电，防止剩余电荷伤人。

监护人没有尽到监护职责，发现操作人员挂接线没有放电，也没有及时制止。监护人应该熟悉本专业知识，掌握作业过程中的危险点和防范措施，及时发现并纠正作业人员的危险行为。

二、事故案例二:未验电即挂接地线,作业人员受电击

1.案例过程

2016 年 5 月 20 日,××供电公司实业公司线路班对 10kV××线路进行停电检修,工作人员钱×、王××负责在 5 号杆验电装设接地线,宣读完工作票后,上午 8 时 10 分钱××、王××来到 5 号杆下,王××登杆,钱××监护。两人认为线路已经下令停电,没有进行再验电,便直接挂接地线,在挂接地线时,王××没有戴绝缘手套。王××首先把接地线放在安全带上,没让接地线导线触及身体。然后用手抓住三根绝缘棒把三根接地线一起挂在中相导线上,然后摘下其中一根接地棒准备挂边相上导线,当接地线夹还没有触及 10kV 边相导线时,发生放电,王××受轻伤。事后发现王××误登了与待检修线路平行的带电 10kV 线路。

2.违反《配电安规》条款

3.3.12.4　专责监护人:

(1)明确被监护人员和监护范围。

(2)工作前,对被监护人员交代监护范围内的安全措施、告知危险点和安全注意事项。

(3)监督被监护人员遵守本规程和执行现场安全措施,及时纠正被监护人员的不安全行为。

3.3.12.5　工作班成员:

(2)服从工作负责人(监护人)、专责监护人的指挥,严格遵守本规程和劳动纪律,在指定的作业范围内工作,对自己在工作中的行为负责,互相关心工作安全。

4.3.1　配电线路和设备停电检修,接地前,应使用相应电压等级的接触式验电器或测电笔,在装设接地线或合接地刀闸处逐相分别验电。室外低压配电线路和设备验电宜使用声光验电器。架空配电线路和高压配电设备验电应有人监护。

4.4.8　装设、拆除接地线均应使用绝缘棒并戴绝缘手套,人体不得碰触接地线或未接地的导线。

6.2.1　登杆塔前,应做好以下工作:

(1)核对线路名称和杆号。

3.案例分析

造成本次事故主要有以下原因。

(1)工作人员没有严格执行电力安全工作规程,挂接地线前没有验电。

(2)在挂接地线时,工作人员没有戴绝缘手套。

(3)登杆前没有认真核对线路名称和编号,误登带电杆塔。

(4)工作人员安全意识淡薄。在作业时,怕麻烦,图省事,不验电。

(5)监护人员没有履行监护职责,对违章行为没有及时制止。

三、小结

1.接地是防止在工作中突然来电的一项技术措施,是保护作业人员人身安全的一项重要

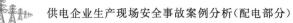

的技术措施,是保护生命的防火墙。接地就是在作业人员工作地段四周与之相联的线路、设备都要装设接地,确保即使线路突然来电,作业人员也在接地的保护之中,不会受到触电伤害。

2.接地线装设要戴绝缘手套,装设时要先装设接地端,后装设导体端,装设过程中,人身不能触及接地线的导体部分。同时要严格按照先近侧后远侧,先低压后高压的顺序装设,拆接地顺序相反。在装设接地时,要确保接地的连接可靠,符合规程要求。对于因交叉跨越、平行或邻近带电线路、设备导致检修线路或设备可能产生感应电压时,应加装接地线或使用个人保安线。

3.装设、拆除接地线的要求,重点掌握以下几个方面。

(1)在工作地段、有感应电的线路或设备、有可能反送电的分支需要装设接地线。

(2)装拆接地线要在专人监护下进行。

(3)不能随意变更接地线的位置。

(4)装、拆接地线均应使用绝缘棒并戴绝缘手套,人体不得碰触接地线或未接地的导线。装、拆接地线时,线路可能因误操作或用户反送电而突然带电,为防止作业人员受到触电伤害,应该戴绝缘手套,起到安全防护作用。

(5)作业人员要严格按规程的规定完成装拆接地线作业,尤其要注意先后顺序。

4.5 悬挂标示牌和装设遮栏(围栏)

一、事故案例一:作业现场无围栏,行人通过被砸伤

1.案例过程

2013年6月9日,上午10时××供电公司接到群众反映,盛鑫小区用户停电,接到服务

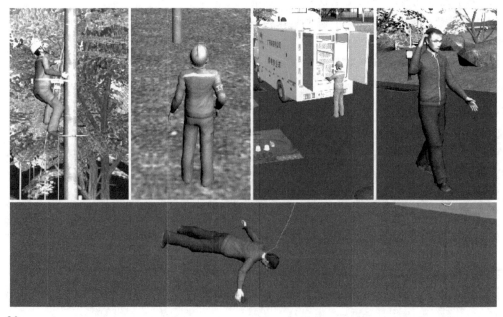

中心电话后,值班人员李××,王××,张××赶到现场处置。经查,小区低压进线 A 相引线断开。于是进行停电处理,在做好安全措施后,10 时 35 分王××登杆作业,李××监护,作业过程中,行人孙×从此处经过,由于没有在杆下设置围栏,孙×一边走一边接打电话,没有注意周围情况,直接走到了正在作业的杆下,当时李××正在仰头监护杆上人员王××作业,张××去值班车找材料,碰巧杆上掉下一截导线,将行人孙×砸伤,造成头部出血。现场人员立即将孙×送医院处理。

2. 违反《配电安规》条款

3.3.12.2 工作负责人:

(1)正确组织工作。

(2)检查工作票所列安全措施是否正确完备,是否符合现场实际条件,必要时予以补充完善。

4.5.12 城区、人口密集区或交通道口和通行道路上施工时,工作场所周围应装设遮栏(围栏),并在相应部位装设警告标示牌,必要时派人看管。

3. 案例分析

在市区作业必须按规定设置围栏,防止造成行人伤害。造成本次事故的原因主要有以下两个方面:

(1)工作负责人没有正确组织工作,落实现场应该执行的安全措施。说明工作人员安全意识不高,存在侥幸心理。

(2)作业人员思想麻痹,认为作业项目简单,便没有在杆下设置围栏,致使行人进入工作区域,被落物砸伤,教训深刻。

二、小结

1.装设悬挂标示牌和装设遮栏(围栏)有两个作用,一是防止工作人员误入带电区域或误操作设备,二是防止非工作人员误入工作区域或触及带电设备。标示牌和遮栏(围栏)主要起提醒和警示作用,保护作业人员和其他非工作人员的人身安全,是必不可少的安全措施。

2.装设悬挂标示牌和装设遮栏规定了设备在什么时候、什么位置悬挂什么样的标示牌。同时对在城区、人口密集区或交通道口和通行道路上施工时,工作场所周围应装设遮栏(围栏),并在相应部位装设警告标示牌。必要时派人看管。防止过往的行人误入工作区域造成误伤。

3.在不同的工作地点、不同的场合,应悬挂相应的标示牌,作业人员应掌握哪种情况下应该悬挂哪一种标示牌,对工作人员及其他人员起到应有的警示和提醒作用。

5 运行和维护

5.1 巡 视

一、事故案例一:巡视人员游泳过河溺水死亡

1. 案例过程

××供电公司线路班进行 110kV 某线路事故巡查。赵××巡查 51～59 号杆,当他巡查至 56 号杆途中,被一条小河拦住去路。从此处向东走 1 公里有一座桥,赵××认为绕路从桥上走太浪费时间了,决定游泳过河。在渡河过程中,天气较凉,河水温度低,赵××因小腿抽筋溺水死亡。

2. 违反《配电安规》条款

上面的事故案例违反了《配电安规》

5.1.4 大风天气巡线,应沿线路上风侧前进,以免触及断落的导线。事故巡视应始终认为线路带电,保持安全距离。夜间巡线,应沿线路外侧进行。巡线时禁止泅渡。

3. 案例分析

巡视人员要根据现场的实际情况选择合理路线,防止人身受到伤害。巡线时禁止泅渡,防止溺水发生。

二、小结

1. 配电巡视是为了能够及时了解线路、设备的运行情况,及时发现设备隐患和安全隐患,并作出正确的判断,提出处理意见。配电巡视工作具有一定的危险性,因此,巡视工作应由具有配电工作经验的人担任。单独巡视人员应经配电运行知识和安全规程等考试合格后,经配电专业室(工区)批准公布。

2. 电缆隧道、偏僻山区、夜间、事故或恶劣天气等巡线的工作环境和安全状况差,人身安全风险较大,因此应至少由两人进行巡线,以便互相监护、彼此照应。同时,因各地区之间差异较大,应根据各自线路设备的交通环境、人员居住的稠密度等特点,对各线路设备进行评估,明确偏僻山区区段,并规定巡视时应至少两人进行。电缆隧道、电缆井巡视工作应做好人员受有毒有害气体伤害或缺氧窒息的防范措施,在未落实安全措施前不得冒险进入。

3. 雨雪、大风天气或线路事故巡线,在线路发生断线故障接地时,线路下方及杆塔周围地面会产生跨步电压,故应要求巡视人员穿绝缘靴或绝缘鞋。汛期、暑天、雪天等恶劣天气和山

区巡线时,因作业环境较差,巡视人员可能发生溺水、中暑、滑跌等,也可能遇到动物伤人,故应配备必要的防护用具、自救器具和急救药品(用品)。巡视人员应根据不同的作业环境,携带必要的防护用具、应急自救器具和急救药品(用品)等。夜间巡视时,为了确保巡视人员能够看清巡视道路及周围环境,及时发现线路各连接点发热、绝缘子污秽泄漏放电等隐患和异常现象,应携带足够的照明灯具,并确保足够的照明时间和强度。

4.五级及以上大风天气巡线时,为避免巡线人员意外触碰断落悬挂空中的带电导线或步入导线断落地面接地点的危险区,巡线应沿线路上风侧前进。事故巡视时,巡视人员即使明知该线路已停电,但因线路随时有强送电或试送电的可能,故应始终将线路视为带电状态,巡视时人体与导线间应始终保持足够的安全距离。夜间巡视能见度较差,若巡线人员在导线下方及内侧区域行走,遇导线断落地面或悬挂在空中时,将可能触及带电导线或进入导线接地点的危险区内,故夜间巡线时应沿线路外侧进行。恶劣环境及洪水、塌方等自然灾害会对原有的巡视道路及线路走廊造成破坏,在这种情况下进行特殊巡视,巡视人员应事先拟定好安全巡视路线,以免危及人身安全。巡线遇有河流阻隔时,采用泅渡方式过河可能发生人员溺水事故,所以规定禁止泅渡。

5.在线路遭受直击雷或感应雷时,均会在线路下方及杆塔周围地面产生跨步电压。为确保不受雷电伤害,特规定在雷电天气时禁止进行巡线工作。

6.若确需在灾害发生之后对配电线路、设备进行巡视,巡视前应充分考虑各种可能发生的情况,如发生新的次生灾情、道路交通安全、登山(杆塔)滑倒或滑落、倒杆、断线等,应向当地相关部门了解灾情,并明确相应的安全措施(如配备救生衣、防滑靴、防寒服等)和巡视路线,经设备运维管理单位批准后方可开始巡视。巡视应至少两人一组,巡视过程中,应使用通信设备(如使用卫星电话、GPS定位系统)与巡视的派出部门之间随时保持联络。

7.单人巡视时,无人进行监护和协助,攀登杆塔或配电变压器台架时难以控制触电、高坠风险,如遇人身伤害也不能及时得到救护,所以专门规定单人巡视时,禁止攀登线路杆塔和配电变压器台架。

8.当配电线路导线、电缆断落地面,落地点的电位就是导线的电位。电流从落地点流入大地,向四周扩散,形成不同的电位梯度,在距落地点8m以内会产生跨步电压。为避免人员受跨步电压伤害,若室外巡线人员发现导线、电缆断落地面或悬挂空中,应始终在现场守候,防止行人靠近导线落地点8m以内,并迅速报告值班调控人员和上级,等候处理;若接到群众报告,应立即派人到现场进行看守,并设置围栏;若有人员在跨步电压危险区内,可双脚并拢或独脚跳离危险区。室内高压设备发生接地故障时,由于室内钢筋混凝土梁和柱中的钢筋会组成接地网络,且室内地面相对干燥,电位下降较快,电流经过4m距离的扩散,其外围地面电位已经显著降低,因此,要求禁止进入故障点半径4m以内的地面。进入接地故障区域内的人员,如需接触设备的金属外壳,应戴绝缘手套、穿绝缘鞋或绝缘靴,以防止电击伤害。

9.遮栏内的高压设备即使处在非运行状态或不带电,也可能由于特殊送电方式、倒送电、运行方式改变或发生异常情况等各种原因,随时有突然带电的危险。另外,电气设备周围设置遮栏的场所,是电气设备安装高度低、安全距离小的场所,或检修设备靠带电设备距离较近,人员有可能碰到带电设备的场所,一旦单独移开或越过遮栏、失去监护,极易发生触电事故。因此,无论高压配电线路、设备是否带电,巡视人员不得单独移开或越过遮栏。若确有必要移开遮栏,应有人监护,并保持《配电安规》附表中表 3-1 的安全距离(20kV 时大于 1.0m、10kV 时大于 0.7m)。

10. 纯净的 SF_6 气体无色、无味、无臭、不燃,在常温下是化学性能稳定的惰性气体。SF_6 气体在电弧、电晕、火花放电、局部放电和高温等因素下会进行分解,它的分解物遇水后会变成腐蚀性电解质,其中有些高毒性分解物,如 SF_4、S_2F_2、S_2F_{10}、SOF_2、HF 及 SO_2,会刺激皮肤、眼睛、黏膜,如果吸入量大,还会引起头晕和肺水肿,甚至致人死亡。SF_6 气体密度约是空气密度的 5 倍,沉积在低洼处。SF_6 配电装置室入口处若无 SF_6 气体含量显示装置,工作人员进入室内应先开启通风装置通风 15min,以降低室内 SF_6 气体含量和提高室内空气中含氧量。同时用检漏仪测量 SF_6 气体含量,确认室内空气中 SF_6 气体含量符合安全数值后方可进入。

11. 为避免钥匙在使用中遗失或非有关工作人员通过其他方式进入电气设备室,导致误动、误碰电气设备,造成触电、设备损坏事故,配电站、开闭所、箱式变电站等门锁的钥匙应由运维人员专人负责保管,使用时应登记签名。配电站、开闭所、箱式变电站等门锁的钥匙至少要有三把,在事故或紧急情况下,运维人员需进入配电站、开闭所、箱式变电站等地进行检查、处理事故,规定其中一把钥匙专供紧急情况使用。运维人员在日常的设备巡视、倒闸操作、工作许可、设备验收等工作中会涉及使用配电站、开闭所箱式变电站等钥匙,规定其中一把钥匙专供运维人员使用。经批准的巡视高压设备人员、检修与施工队伍的工作负责人需借用钥匙进入配电站、开闭所箱式变电站等,规定剩余一把钥匙可以借给以上人员使用,但应办理借用手续并进行相关记录,借用人员在完成当天工作后应及时归还并进行记录。

12. 大部分工作人员对低压配电设备的触电危险敬畏认识不足,容易因随意性工作导致低压触电事故。为防止人员低压触电,在巡视低压配电网时,禁止触碰裸露带电部位。

5.2 倒闸操作

一、事故案例一:10kV 配合停电误操作

1. 案例过程

×年 8 月 25 日上午,××供电公司姚××独自携带操作票、绝缘操作杆、安全带和安全帽到 10kV 青和线史桥支线 1 号杆进行停电操作(无停电计划)。5 时 48 分,姚×× 在 10kV 青和线 002 号断路器(开关)还未断开情况下,带负荷拉开 10kV 青和线史桥支线 1 号杆 FK015刀闸,拉开 A 相刀闸时,产生弧光导致 A 相绝缘子(靠电源侧动触头处)击穿通过电杆单相接地,在杆上操作的姚×× 从约 2m 高处赶紧下杆,下地时造成触电死亡。

2. 违反《配电安规》条款

5.2.6.6　停电拉闸操作应按照断路器（开关）—负荷侧隔离开关（刀闸）—电源侧隔离开关（刀闸）的顺序依次进行，送电合闸操作应按与上述相反的顺序进行。禁止带负荷拉合隔离开关（刀闸）。

5.2.6.13　单人操作时，禁止登高或登杆操作。

3. 案例分析

倒闸操作人员姚××安全意识差，存在侥幸心理、忽略现场危险点，主观认为在断路器还未断开情况下带负荷拉开刀闸不会出现问题，导致产生弧光击穿通过电杆单相接地。同时违反《配电安规》规定独自一人登杆操作，致使无人监护、无人制止姚××的违章操作行为，最后造成姚××触电死亡的严重后果。

二、事故案例二：操作票书写潦草，误拉断路器

1. 案例过程

××电业局城关服务站10kV135号线路1号杆部分线路进行检修。本应拉开10kV135号线路1号杆上的柱上油断路器，由于操作票填写潦草，操作人员误把10kV135号线路1号杆中的"5"看成"6"，把10kV136号线路1号杆上的柱上油断路器断开，造成恶性误操作未遂事故。

2.违反《配电安规》条款

5.2.5.4　操作票应用黑色或蓝色的钢（水）笔或圆珠笔逐项填写。操作票票面上的时间、地点、线路名称、杆号（位置）、设备双重名称、动词等关键字不得涂改。若有个别错、漏字需要修改、补充时，应使用规范的符号，字迹应清楚。

3.案例分析

为保证操作票填写内容清楚、准确，规定应使用黑色或蓝色钢（水）笔或圆珠笔等字迹清楚的笔填写操作票。不得使用铅笔、红色笔填写，防止执行过程中由于字迹模糊不清或随意涂改，造成操作人员因不能正确判断信息而发生误操作。操作人员误把10kV135号线路1号杆中的"5"看成"6"，造成恶性误操作未遂事故。

三、小结

1.就地操作是指操作人员在设备现场以手动或电动的方式进行的设备操作。遥控操作是非就地（在远方）以电动、RTU（远程测控终端）、DTU（数据传输单元）、FIU（配电开关终端监控）等当地功能和计算机监控系统等方式进行的设备操作。

2.程序操作是指在计算机监控系统基础上以批处理方式进行的设备操作，批处理可以是连贯的操作任务，也可以是几个分别独立的操作任务。实施程序操作，是根据操作要求选择一条程序操作命令，操作的选择、执行和操作过程的校验由操作系统自动完成。

3.倒闸操作分为监护操作和单人操作，以下分别阐述。

（1）监护操作是指设备现场同时有专人监护的操作。监护操作时，由对设备较为熟悉者监护，强调监护人员的能力。检修人员操作的设备和接发令程序及安全要求应由设备运维管理单位批准，并报相关部门和调度控制中心备案。其中，检修人员进行10(20)kV配调管辖设备操作相关要求和接、发令程序由调控中心发文明确。

（2）单人操作是指由一人完成的操作。远方单人操作，应有可靠的确认和自动记录手段。实行单人操作的设备、项目及操作人员需经设备运维管理单位或调度控制中心批准（调控中心负责 10kV 调度管辖范围内的设备操作相关内容）。

4. 以下详细阐述倒闸操作的基本条件。

（1）根据调度和生产基础管理要求，一次系统模拟图（包括各种电子接线图）要与设备实际位置始终保持一致，做好现场设备异动变更情况的维护，防止错停线路对检修带来较大的人身风险和电网运行风险。

（2）倒闸操作开始前，应先在一次系统模拟图（包括各种具备模拟功能的电子接线图）上进行核对性模拟预演，以防止或纠正操作票的错误，避免误操作。模拟预演过程中发现问题，应立即停止，重新核对调度指令及操作任务和操作项目，若操作票存在问题，应重新填写操作票。

（3）设备标志是用以标明设备名称、编号等特定信息的标志，由文字和（或）图形及颜色构成。明显标志是指名称、符号足够醒目，含义唯一，安装位置合适。设备的命名、编号标志主要是防止操作人员误入设备间隔。设备相色标志主要便于操作人员正确辨识相序。设备的分合指示、旋转方向、切换位置标志主要是便于操作人员辨识设备操作方向、检查设备位置状态，以防止误操作。

（4）为防止电气误操作事故的发生，保障人身、电气设备安全，高压配电设备应安装完善的防止电气误操作的闭锁装置，包括微机防误装置、电气闭锁装置、电磁闭锁装置、机械闭锁装置、带电显示装置等。防误装置不得随意退出运行。特殊情况退出防误装置，应经相关人员批准。防误装置退出后，应尽量避免倒闸操作。防误闭锁装置退出期间，必须进行倒闸操作的，应有针对防误装置缺失的安全措施。

（5）为防止误拉、误合事故的发生，对未装设防误操作闭锁装置（微机防误装置、电气闭锁、电磁闭锁装置等）或闭锁装置失灵的隔离开关、接地刀闸和网门应加挂机械锁。防止人员误入带电间隔，当电气设备处于冷备用状态时，如果相关带电间隔的网门闭锁装置失去闭锁作用，有电间隔网门应加挂机械锁。为防止误拉、误合运用中的电气设备，导致突然来电造成检修人员触电伤害或设备损坏、停电事故，当设备处于检修状态时，检修设备相关的所有来电侧隔离开关操作手柄和电动操作隔离开关机构箱的箱门上应加挂机械锁。机械锁应有专门的保管和使用制度，机械锁及钥匙应有唯一的编号，钥匙和锁要一一对应，并实行定置管理，为防止人员误开启运行设备的机械锁，使用机械锁钥匙应经现场运维值班负责人批准，并在有人监护下现场进行核实，确认无误后，方可开启。

5. 调度管辖和许可的设备，应根据配网调度值班负责人或运维人员的指令进行操作，受令过程应根据调度规范执行。任何人没有得到值班调控人员或运维人员的指令不得改变设备状态，否则会影响电网的安全运行。

6. 下达、接受高低压配电操作指令，双方应先互相确认是否有下令、受令资格。对高压指令下达及接受全程应录音并记录，对低压指令应做记录以备核查。

7. 发布和接受指令，值班调控人员（运维人员）与操作人员（包括监护人）应了解操作目的和操作顺序,以避免误操作。操作人员(包括监护人)对操作指令有疑问时,应向发令人(有关值班调控人员或运维人员)询问清楚,确认无误后方可执行。受令人如果认为该操作指令不正确,应向发令的值班调控人员(运维人员)报告,由值班调控人员(运维人员)决定原指令是否执行。当执行某项操作指令可能威胁人身、设备安全或直接造成停电事故时,应当拒绝执行,并将拒绝执行指令的理由报告值班调控人员和本单位领导。

8. 高压电气设备倒闸操作票,是进行配电高压倒闸操作的书面依据。操作人员是倒闸操作的执行者,配电倒闸操作票的正确与否对操作人员的人身安全有着至关重要的影响,因此,高压配电倒闸操作应填用操作票,禁止无票操作。倒闸操作由操作人员根据值班调控人员(运维人员)的指令填写,操作人员填写操作票的过程是熟悉倒闸操作内容和操作顺序的过程。拟写操作票时,一个操作任务应为一个编号。如果一个操作任务有多页操作票,则每页编号都应和首页一致,并在操作票右上角注明"共×页、第×页"。一个操作任务,是指为实现一个操作目的(如改变设备运行方式),根据同一张调度命令票进行的一系列相互关联并依次进行的倒闸操作。操作票的操作任务栏中必须填写设备的双重名称。

9. 为防止操作票填写错误并及时纠正,操作人和监护人应对照模拟图或接线图核对所填写的操作项目,核对过程中若发现问题,应重新核对值班调控人员(运维人员)发布的指令及操作任务和操作项目。若操作票存在问题,应重新填写操作票。操作人和监护人对操作票审核正确无误后,分别进行手工或电子签名,电子签名应确保其唯一性,并设置必要的权限。

10. 操作顺序应根据值班调控人员(运维人员)指令,参照典型操作票逐项进行填写。填写操作票应使用规范的调度术语,并严格按照现场二次设备标示牌实际命名填写设备的双重名称。为了对操作票进行规范管理,计算机开出的操作票应与手写格式票面统一。操作票应用黑色或蓝色的钢(水)笔或圆珠笔填写,字迹要工整、清楚,票面应清楚整洁,不得任意涂改。个别错漏字须修改时,字迹应清楚且不得超过3处,但时间、地点、线路名称、杆号(位置)、设备双重名称、动词等关键字不得涂改,以防止操作过程中因操作票票面不清、名称不全等原因造成误操作事故。

11. 操作票的连续编号和按编号顺序使用是为了加强操作票统计和管理,也有利于事故调查和防止误操作。为防止错用已作废或未执行的操作票而发生误操作事故,对作废或未执行的操作票应及时加盖"作废"章或"未执行"章,并注明作废或未执行原因。操作完毕且全面检查无误后,应在操作票上填入操作结束时间,报告值班调控人员(运维人员)操作执行完毕,并在操作票上加盖"已执行"章。在操作票执行过程中因故中断操作,则应在已操作完的步骤下面盖"已执行"章,并在"备注"栏内注明中断原因。若此任务还存在未操作的项目,则应在未执行的各页"操作任务"栏盖"未执行"章。

12. 配电倒闸操作的主要内容有:拉开或合上断路器(开关/隔离开关(刀闸)接地刀闸(装置)高压熔断器,装设或拆除接地线、验电放电,投入或退出继电保护及自动装置,改变继电保护和自动装置的运行方式或定值,安装或拆除控制回路或电压互感器回路的熔断器操作。为防止操作项目遗漏、操作顺序颠倒,这些内容应逐项、依次填入操作票内。

13. 为防止操作人员走错设备间隔(位置)而发生误拉、误合其他运行设备的事故,操作前,监护人与操作人应在现场一起核对设备名称、编号和位置是否与操作票上内容一致,经核对确认无误后方可进行操作。

14. 现场倒闸操作应执行唱票、复诵制度,由监护人唱票、操作人复诵,宜全过程(从接受发令人的操作指令开始,到汇报操作结束)录音,操作过程中的录音应清晰、连续,不得无故中断。按顺序操作完每一步,监护人经检查无误后(如检查设备的机械指示信号指示灯、表计变化等,以确定设备的实际分合位置),做一个"√"记号,再进行下一步操作。逐项进行打钩的目的是防止漏步、跳步操作,且打钩也是在设备操作后进行状态的确认。因故发生设备状态未操作到位时,相关项的栏目不能打"√"。

15. 监护操作时,操作人在操作过程中未经监护人同意进行操作,容易引发误操作,也可能危及操作人员人身安全,因此,操作人在操作过程中不得有任何未经监护人同意的操作行为,同时监护人在监护操作时不得兼做其他工作。

16. 操作中发生任何疑问,应立即停止操作,重新核对操作步骤及设备编号的正确性,查明原因,并向当值调控人员或运维值班负责人报告。在查明原因或排除故障后,经发令人同意许可后,方可继续进行操作。不准擅自更改操作票,不准随意解除闭锁装置。

17. 断路器(开关)具有灭弧功能,而隔离开关(刀闸)没有灭弧装置,不具备拉、合较大电流的能力,用隔离开关拉、合负荷电流时产生的强烈电弧无法熄灭,可能引起事故。因此,停电拉闸操作应先拉开断路器(开关),禁止带负荷拉、合隔离开关(刀闸)。在拉开断路器(开关)后,先拉开负荷侧隔离开关(刀闸),再拉开电源侧隔离开关(刀闸),目的是万一断路器(开关)实际上未断开,可使带负荷拉闸所引起的事故影响缩小在最小范围。如线路(出线)间隔,若线路断路器(开关)实际上未断开,先拉负荷侧(线路侧)隔离开关(刀闸),造成带负荷拉闸所引起的故障点在断路器(开关)的负荷侧(线路侧),这样可由线路保护动作使断路器(开关)跳闸切除故障,把事故影响缩小在线路侧范围。反之,若先拉电源侧(母线侧)隔离开关(刀闸),造成带负荷拉闸所引起的故障点是在电源侧(母线侧)范围,将导致电源侧(母线侧)停电,扩大事故范围。另外,负荷侧(线路侧)隔离开关(刀闸)损坏后的检修,比电源侧(母线侧)隔离开关(刀闸)损坏后的检修停电范围要小。

18. 可用于解除防误装置闭锁功能的工具(钥匙)应有专门的保管和使用制度(包括倒闸操作、检修工作、事故处理、特殊操作和装置异常等情况下的解锁申请、批准、解锁监护、解锁使用记录等),微机防误装置授权密码和解锁钥匙应同时封存。所有操作人员和检修人员禁止擅自使用解锁工具(钥匙)。

19. 若遇特殊情况需解锁操作,应由设备运维管理部门防误专责人或运维管理部门指定并经书面公布的人员到现场核实无误,确认需要解锁操作,经同意并签字后,由运维人员告知值班调控人员后,方可使用解锁工具(钥匙)进行解锁。

20. 若遇危及人身、电网和设备安全等紧急情况需要解锁操作,可由运维值班人员下令紧急使用解锁工具(钥匙),事后运维值班人员应立即报告当值调控人员,并记录使用原因、日期、时间、使用者、批准人姓名。

21. 单人操作时没有监护人员,无法为其操作的正确性进行把关。检修人员擅自解锁后可能在带电设备上工作,危及人身安全。因此单人操作、检修人员在倒闸操作过程中禁止解锁。如确需解锁,只有等待增派运维人员到达现场,履行本条有关锁的手续后方能实施。

22.断路器(开关)与隔离开关刀间机械或电气闭锁装置时(如独立安装的断路器与隔离开关),应通过在负荷侧验电等方式确认断路器三相已完全断开,方可拉开隔离开关(刀闸),防止发生带负荷拉开隔离开关(刀闸)的恶性误操作事故,同时避免造成操作人员人身伤害。

23.被操作设备绝缘损坏或机械传动装置接地不良,可能使操作手柄带电。同时考虑到操作人员在拉合隔离开关(刀闸)、高压熔断器时,可能会因误操作、设备损坏等原因引起弧光短路接地,导致操作人员受到接触电压、电弧伤害。因此,应戴绝缘手套操作机械传动的断路器(开关)或隔离开关(刀闸)。操作没有机械传动装置的断路器(开关)隔离开关(刀闸)和跌落式熔断器,应使用相应电压等级、试验合格的绝缘棒进行拉、合闸操作来保证安全距离。

24.护目眼镜,是一种在工作人员作业时防止受电弧灼伤以及防止异物落入眼内的防护用具。绝缘手套,能防止操作时电弧伤人或设备故障原因造成电弧通过设备金属部件传递到操作人员手部造成伤害。绝缘杆、绝缘夹钳,可使高压熔断器与操作人员保持安全距离。阴雨天气情况下,不得使用无绝缘伞罩的绝缘夹钳在户外进行装卸高压熔断器的工作。

25.雷电天气时,线路遭受直击雷和感应雷的概率较高,雷电过电压以及开合雷电流时,可能会对线路设备和人员安全造成危害。因此,禁止在雷电天气进行倒闸操作和更换熔断器熔丝工作。

26.登高或登杆操作具有一定危险性,且单人登高或登杆操作时,操作人的注意力集中在操作上,难以对周围环境与危险点进行全面把握,容易造成触电高坠事故,且单人操作一旦发生事故,无人进行及时救护。因此,单人操作时,禁止登高或登杆操作。

27.配电线路和设备停电后,若出现开关等设备未完全拉开、用户设备反送电、他人误送电等情况,线路和设备将有突然来电风险,此时人员进入遮栏(围栏)触及线路和设备,就会受到触电伤害。

28.遥控操作、程序操作,应满足倒闸操作基本要求和电网运行方式的需求,同时遥控操作、程序操作的设备应满足有关技术条件,防止遥控操作、程序操作不成功或造成故障、扩大事故,影响电网安全运行。因此遥控操作,程序操作的设备、项目,需经本单位批准。

29.判断继电保护软压板远方遥控操作是否到位,至少应有两个指示同时发生对应变化,以防止因装置、遥信、通道异常等造成压板操作不到位,影响电网安全运行。如远方操作开关重合闸压板,判断重合闸投入(退出)和重合闸充电两个信号同时发生变化,才能确认该软压板操作到位。

30.隔离开关(刀闸)没有灭弧装置,不具备拉、合较大电流的能力;用隔离开关(刀闸)拉、合负荷电流时产生的强烈电弧无法熄灭,可能引起事故,所以,柱上开关(包括柱上断路器、柱上负荷开关)的配电线路停电,应先断开柱上开关,后拉开隔离开关(刀间),送电操作顺序与此相反。

31.配电变压器停电,为防止带负荷拉跌落式熔断器造成弧光短路,应先将低压侧开关(刀闸)拉开,再拉开高压侧跌落式熔断器,以防止事故扩大到上一级。送电操作顺序与此相反。

32.拉开单极式跌落式熔断器、隔离开关(刀闸),拉开第二只时切断电流最大,拉开时应先拉中间相后拉两边相(先拉下风相),合闸时应先合两边相(先合上风相)再合中间相,以防止操作时与相邻相发生电弧短路。

33.柱上断路器(开关)主要有油断路器(开关)、真空断路器(开关)、SF断路器(开关)。因油断路器(开关)有绝缘油,如出现油面过低或油质劣化,在开关拉合遮断电流时油被电弧汽化而形成较大压力,断路器(开关)有可能发生喷油甚至爆炸;真空断路器(开关)真空包真空度不够或溺气,在操作时会发生爆炸;SF断路器(开关)由于断路器(开关)内部 SF_6 气体压力低、触头间绝缘破坏击穿、短路电流作用形成内部气压过高等原因均易引起爆炸。因此,在操作柱上断路器(开关)时,应有防止断路器(开关)爆炸时伤及操作人员和行人的措施,如选择适当操作位置、与柱上断路器(开关)保持足够的距离等。

34.在更换配电变压器跌落式熔断器熔丝的工作中,为防止带负荷拉跌落式熔断器造成弧光短路,应先将配电的低压侧开关(刀闸)拉开再拉开高压隔离开关(刀闸)或跌落式熔断器,以防止事故扩大到上一级。为防止与带电部位安全距离不足而触电,作业人员应在专人监护下使用绝缘棒摘、挂跌落器式熔断器的熔管。

35.配网低压接线复杂,存在用户反送电情况。为防止停电不完全、设备绝缘能力降低、漏电等情况造成操作人员触电,在接触低压金属配电箱(计量箱)前,应先对金属外壳进行验电。先断开各分路断路器(开关),减小总断路器(开关)切断负荷电流压力,防止因负荷电流较大、拉开总开关时能力不足引发短路、开关爆炸等事故。

36.断路器无明显断开点,可能存在现场已实施断开操作、但其内部未断开的情况,所以在断开开关操作后还要逐相进行验电,确认无电压后再进行取下熔断器的操作。

5.3　砍剪树木

一、事故案例一:10kV线路巡视过程中伐树,导致作业人员触电

1.案例过程

2014年8月10日中午,××公司工作负责人林××带领王××持票对10kV开发区一线28号杆至29号杆线路边坡超高树木进行砍伐。砍伐过程中,风力达到6级,为防止树木向线路侧倒伏,王××攀登上树,欲在树木中间以上位置绑系控制绳。攀登过程中,受大风影响,树木突然向线路侧倾斜,因与邻近的开发区一线 C 相导线安全距离不足,导线对树木放电,导致王××触电。王××经抢救无效死亡。

2.违反《配电安规》条款

5.3.7　上树时,应使用安全带,安全带不得系在待砍剪树枝的断口附近或以上。不得攀抓脆弱和枯死的树枝;不得攀登已经锯过或砍过的未断树木。

5.3.8　风力超过5级时,禁止砍剪高出或接近带电线路的树木。

3.案例分析

工作负责人林××安全意识差,存在侥幸心理、忽略现场危险点,主观认为风力达到6级的情况下树木足够牢固,不会倾倒,违章指挥王××攀登上树作业。王××安全意识淡薄,未能拒绝工作负责人的违章指挥,上树过程中,受大风影响,树木向线路侧倾斜,导线对树木放电,造成王××触电死亡的严重后果。当风力超过5级时,要禁止砍剪接近带电线路的树木。作业人员在作业前应用风速仪测量风速。

二、事故案例二:违规伐树致作业人员触电

1.案例过程

7月25日,××局送电工区安排全线带电查线,上午10时许,该工区副主任齐×和另一人为一组,在巡查到横北岭高山跨越山洼108号和109号塔之间线路时,发现树梢有放电烧焦痕迹。齐×在征得送电工区计划调度专工电话同意后,开始在线路带电情况下,用手锯伐树。11时41分,在未做好树木顺导线倒落防护措施情况下,所伐树木横向倒向导线,造成导线对树木放电,引燃树根下杂草,同时导致齐×双下股部分被电弧灼伤。

2.违反《配电安规》条款

5.3.4　为防止树木（树枝）倒落在线路上，应使用绝缘绳索将其拉向与线路相反的方向，绳索应有足够的长度和强度，以免拉绳的人员被倒落的树木砸伤。

3.案例分析

为了防止树木倒落在导线上，工作负责人应派有经验人员负责设置绝缘拉绳，在伐树过程中有效控制拉绳，并明确应拉向与导线相反的方向。案例中在未做好树木顺导线倒落措施情况下，工作负责人安排作业人员进行伐树，导致树木横向倒向导线，造成高压放电，齐×双下股部分被电弧灼伤的严重事故。

三、小结

1.砍剪树木有较大的危险性，容易发生砍剪后的树木或树枝倒落至带电导线及周围低压线路、弱电线路、建筑物、道路上等，为避免发生人身、设备伤害事故，应有专人监护。

2.在砍剪靠近带电线路导线的树木时，应使用绝缘绳索控制树木倾倒方向，为避免发生树木、绳索接近其至碰触带电导线而危及人员和运行线路的安全，工作负责人应在工作开始前拟定绳索绑扎点、倒树方向、拉绳方向，确定拉绳、绑扎、砍剪等人员分工，交代砍剪树木过程中的注意事项，明确要求人员、树木、绳索及各类工具与带电导线应保持附表中表5-1规定的安全距离（10kV及以下，保持1.0m以上距离）。

3.砍剪树木前，工作负责人应对树木下方及倒树范围进行一次全面检查，不准有人逗留。在城区、人口密集区等区域砍剪树木时，工作负责人应在倒树区域内设置围栏和警告标志，以免砸伤行人。

4.砍剪的树木邻近带电线路时，为防止控制绳索接近导线而造成人员触电，应使用绝缘绳索。为了防止树木(树枝)倒落在导线上,工作负责人应派有经验人员负责拉绳,并明确应拉向与导线相反的方向。同时,绝缘绳索应有足够的长度和强度,长度至少为被砍剪树木高度的1.2倍,以免拉绳的人员被倒落的树木砸伤。若树木较为高大,可以采取多道绳索控制。受地形等因素影响时,可以采取分段砍剪。

5.砍剪山坡树木时,为了防止砍剪后的树木向下弹跳而接近甚至碰触带电导线,应使用绝缘绳索进行控制,并选择适当的砍剪点。

6.为防止作业人员砍剪树木时被马蜂等动物伤害,砍剪前应对拟砍剪树木和周围环境进行仔细检查。若发现树木上有马蜂等伤人动物时,应避免惊动,以免跑(飞)出伤人。砍剪树木现场应有防蜂、蛇等动物伤害的防护用品和应急处置药品。

7.为预防人员坠落,树上作业人员应系安全带。安全带应系在树木主干或能足够承受作业人员体重的树枝上,不准系在待砍剪的树枝端口附近或以上部位。攀抓脆弱和枯死的树枝、攀登已经锯过或砍过未断的树木时,如树枝或树木断裂会发生人员高处坠落伤害。

8.5级风力相当于风速为8～10.7m/s。风力超过5级时,树木摇晃幅度较大,树木的倒向不易控制;人员攀爬树木容易引起高处坠落;砍剪高出或接近导线的树木时,不易保持与带电导线的安全距离,易使导线对树木放电,危害作业人员安全。所以,5级以上大风时禁止砍剪高出或接近带电线路的树木。

9.油锯和电锯属于高速转动的机械工具,有严格的技术要求,又有一定的危险性,所以应由熟悉机械性能和操作方法的人员操作,操作前应检查所能锯到的范围内有无铁钉等金属物件,防止金属物与高速转动的油锯接触后发生迸溅伤人。

6 架空配电线路工作

6.1 坑洞开挖

一、事故案例一:站在电缆沟边指挥被埋土中

1.案例过程

××配电线路电缆沟槽施工时,作业人员王×× 在沟旁指挥机械臂进行沟槽开挖。当挖到 1.6m 时,沟槽两边土石坍塌,王×× 坠入沟槽,大半身体被埋在土里,现场其他工作人员将他拖出沟槽,没有发生更大危险,但是王×× 全身多处软组织擦伤。

2.违反《配电安规》条款

6.1.2 挖坑时,应及时清除坑口附近浮土、石块,路面铺设材料和泥土应分别堆置,在堆置物堆起的斜坡上不得放置工具、材料等器物。

6.1.3 在超过 1.5m 深的基坑内作业时,向坑外抛掷土石应防止土石回落坑内,并做好防止土层塌方的临边防护措施。

6.1.4 在土质松软处挖坑,应有防止塌方措施,如加挡板、撑木等;不得站在挡板、撑木上传递土石或放置传土工具;禁止由下部掏挖土层。

3.案例分析

坑洞开挖施工中,坑口附近堆放的浮土、石块可能造成坑边压力过大引起塌方或石块回落坑中;坑深超过 1.5m 时,塌方和石块回落均易造成人员伤害。坑边站人改变坑边的压力容易引起塌方甚至坠落坑中。临边防护措施是防止作业人员在坑洞边作业因塌方或失足坠落坑洞中的安全措施,一般设置高度不低于 1050mm、立柱间距不大于 2m 的硬质围栏。

开挖的基坑随时有塌方和土石回落的可能,作业人员在坑内休息时容易造成人身伤害,因此作业人员不得在坑内休息。此类事故主要应关注两个数字,一个是 2m、一个是 1050mm,一定要牢记这两个数字。

二、小结

1.在开挖前一定要和有关部门取得联系。弄清楚管道的走向以免挖断相关设施。
2.坑洞旁边要有专人负责检查工器具的摆放,以免滑落到坑洞内。
3.坑洞开挖时,根据现场开挖层的土质来确定坑口的深宽比。
4.在土质松软处挖坑,应有防止塌方措施,如加挡板、撑木等。围挡板要用坚固的材料,要

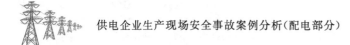

使用正确的施工方法,不能敷衍了事。

5.在下水道附近开挖的时候,一定要防止沼气泄漏。

6.坑洞开挖时,一定要注意开挖的深度,不能使开挖影响杆塔的稳定,回填时要按要求进行。回填土一定要夯实,将基坑填满并留有防沉层。

7.打帮桩的材料,圆木、铁线要有足够的强度,应有防腐、防锈措施。

6.2 杆塔作业

一、事故案例一:利用拉线下杆,致高位截瘫

1.案例过程

××供电局进行10kV某线路检修,检修工作结束后,杆上工作人员张××不用登高工具下杆,而是利用杆塔拉线下杆,当张××滑落一半时,由于体力不支坠落地面,造成高位截瘫。

2.违反《配电安规》条款

6.2.2 杆塔作业应禁止以下行为:

(1)攀登杆基未完全牢固或未做好临时拉线的新立杆塔。

(2)携带器材登杆或在杆塔上移位。

(3)利用绳索、拉线上下杆塔或顺杆下滑。

3.案例分析

该员工自认年轻有力,完全忽略了《配电安规》的规定。这类事故是完全可以避免的,但由于个人违规,造成了终生遗憾。年轻人容易冲动,易争强好胜,头脑一热就做出顺拉线滑下的危险动作。在平时应加强安全教育,尊重生命,杜绝冒险作业。

该员工对安全理念认识模糊。安全理念也叫安全价值观,是在安全方面衡量对与错、好与坏的最基本的道德规范和思想。该员工没有树立起正确的安全观念,因此才铸成瘫痪之祸。

二、小结

1.登杆前的检查是登杆塔的一项关键工作,要认真做外观检查,按规定对脚扣和安全带做冲击试验,以保证在使用过程中不发生意外。在登杆前要检查杆身是否有纵向、横向裂纹,是否存在安全风险,发现问题要采取一定的保护措施方可登杆。

2.在登杆时携带器材会影响身体平衡,导致高摔。从拉线上下滑这个动作,看着挺美、挺潇洒,但这背后隐藏着伤亡风险。

3.在杆塔上工作一定要有落差自动保护的保护绳。没有落差保护装置的保护绳(二道保护绳),一定要和安全带分别挂在不同的位置。在使用旧杆攀登横担前一定要检查横担锈蚀情况,攀登木杆要检查木杆腐朽情况。

4.杆上有人操作的时候,无关人员应该离开杆下,不准进入安全围网之内。监护人应该不间断地监护,及时提醒操作人员正确操作。

5.在平台上进行的工作,一般使用梯子为攀登工具,这时候一定要一个人在梯子上攀登,杜绝两人以上同时攀登。在斗臂车上工作一定要注意斗臂车的载重量,严禁超载使用。

6.听到远方有雷声的时候应该及时下杆。

6.3 杆塔施工

一、事故案例一:施工现场少监护,行人路过遭撞击

1.案例过程

2005年11月14日,××施工队在承建线路改建工程时,在用汽车吊起吊电杆时,有一外来人员窜入作业区,另一外来人员(非本工程作业人员)立即上前劝阻。此时电杆已起吊,在移动过程中,杆根撞击到旁边的土墩,引起钢丝绳断落,电杆急速下落,直接撞击到两名外来人员身上,二人抢救无效死亡。

2. 违反《配电安规》条款

6.3.3　立、撤杆塔时,禁止基坑内有人。除指挥人及指定人员外,其他人员应在杆塔高度的 1.2 倍距离以外。

6.3.8　使用吊车立、撤杆塔,钢丝绳套应挂在电杆的适当位置以防止电杆突然倾倒。撤杆时,应先检查有无卡盘或障碍物并试拔。

6.3.11　整体立、撤杆塔前,应全面检查各受力、联结部位情况,全部满足要求方可起吊。

3. 案例分析

起吊前应了解起吊钢丝绳拴绑的适当位置:即电杆重心偏上(电杆重心 $\approx 0.44L \approx 0.4L + 0.5$)。

起吊重物和吊车位置应选择适当,吊钩口应封好,要有防止吊车下沉、倾斜的措施。起、落时应注意周围环境。立、撤杆时,应先检查有无卡盘或障碍物并试拔。杆上有金具的时候一定要考虑到荷载的存在。

在施工的过程中负责人一定要尽可能观察、考虑周围的环境,注意突发事件。这就要求负责人以及施工班组的全体人员有高度的安全意识和自我保护的意识。

现场要有专责监护人,对施工的环境、工具、车辆、行人以及其他影响施工安全的行为要及时研判,及时制止,及时处理突发情况,确保施工安全。只有这样才能杜绝事故的发生。

二、小结

1. 一个好的施工队伍,在每次任务开始之前都会有好的作业指导书,安全的防护措施。统一指挥、统一行动,有令则行、有禁则止,这才是一支过硬的队伍。

2.在居民区或交通道路附近施工一定要采取必要的措施,以免行人或车辆进入施工区域,造成意外。

3.其他人员应在杆塔高度的 1.2 倍距离以外,1.2 倍是保证杆塔倒落时的最小安全距离。

4.在采取顶杆配合叉杆晃绳立杆时,一定要注意只能竖立 8m 以下的电杆,超过 8m 就要使用拔杆或吊车。

5.利用叉杆和绳索控制时,叉杆、绳索要有足够的强度。

6.一个地锚最多只能安装两条临时拉线。绝对不能在永久拉线安装之前拆除临时拉线。

7.在利用原杆立、撤杆时,若发现原杆有漏筋、酥裂现象要采取一定的安全措施,否则不能施工。

8.使用吊车立、撤杆时,要检查电杆是否有卡盘,以免在撤杆时吊车受力过大造成翻车。

9.安装在电杆两侧、控制电杆方向的缆风绳要有专人看管。

10.在施工过程中,缆风绳应及时调整方向、受力的大小。

11.整体立、撤杆塔前,作业人员应全面检查各受力、连接部位情况,每一个需要检查的部位都不能漏掉,检查时一定要细心,不能走马观花,蜻蜓点水。

12.杆上有人时最容易犯的错误就是调整拉线,为了赶时间,早点完工等因素,就忘了规定。

13.在带电线路、设备附近立、撤杆塔,杆塔、拉线、临时拉线、起重设备、起重绳索应与带电线路、设备保持 10(20)kV 规定的安全距离,且应有防止立、撤杆过程中拉线跳动和杆塔倾斜接近带电导线的措施。

6.4　放线紧线

一、事故案例一:导线被卡未及时停车导致电杆被拉断

1.案例过程

××年 12 月,天气寒冷,某配电线路班完成架线施工作业,施工地点在一个繁华的街道,施工线路比较长,分支比较多,沿线过往的行人较多、车辆行驶较快。工作至傍晚,作业人员都有些疲劳。在一次紧线施工过程中,导线在中间一档处被树枝上的一片防尘网卡在滑车处,观察人员没有及时观察到导线被卡住的情况。指挥人员发现问题后向紧线机操作人员下达停机命令,因为现场噪音大,操作人员精力不足,没能听清楚命令,紧线机继续紧线。导线因为张力过大,将滑车所在电杆拉断,未造成人员伤亡。

2.违反《配电安规》条款

6.4.1　放线、紧线与撤线工作均应有专人指挥、统一信号,并做到通信畅通、加强监护。

6.4.3　工作前应检查确认放线、紧线与撤线工具及设备符合要求。

6.4.4 放线、紧线前,应检查确认导线无障碍物挂住,导线与牵引绳的连接应可靠,线盘架应稳固可靠、转动灵活、制动可靠。

3. 案例分析

(1)本次施工是在一个繁华的街道上,施工线路比较长,分支比较多,沿线过往的行人通过和车辆行驶较快。作业人员受到环境的影响,注意力不集中,未能及时完成指挥人员的作业命令。

(2)发生事故的时间为冬天傍晚,上下班时间段。天气寒冷,作业人员的精力不足,精神状态不佳。

(3)工作负责人以及施工班组成员安全意识淡薄,造成该次事故的发生。

(4)本次紧线施工事故发生在施工将近完工时,现场混乱,指挥不当。

(5)紧线工具是大马力紧线器,当指挥人员的停机命令未能及时传达到紧线机操作人员,导线被挂住、应力过紧时,没有及时停车。

二、小结

1. 放紧线是由多人共同完成的一项工作,在工作过程中一定要保证命令通畅,上下直达,否则现场就容易混乱。

2. 交叉跨越各种线路、铁路、公路、河流等地方进行放线、撤线施工时,如有必要,可以向交警部门求援,来保证安全施工。

3. 施工前要对工具详细、全面地检查,不能走过场。

4. 在放紧线之前,一定要详细、认真地查看整条施工线路和施工的辅助工具,不能漏查。

5. 拆除杆上导线前,应检查杆根,做好防止倒杆措施,在挖坑前应先绑好拉绳。

6. 由于放紧线时导线的拉力相当大,单靠人手来控制处理,易造成导线反弹,引发人身伤亡事故。

7. 导线放紧线施工过程中,导线在展放以后受力是相当大的,尤其是当弧垂将要达到预定值时,导线每收紧几厘米,受力就会增加一倍。导线一旦上跳,若有人在内角或上方区域,就可能造成意想不到的事故。

8. 在放、撤导线时,一定要查看沿途与其他带电设备的安全距离。一旦发现安全距离不够,必须采取安全措施才可施工。

9. 突然剪断导、地线时,杆塔受力平衡遭到破坏,杆塔受到的冲击力会导致杆塔损坏,甚至垮塌,作业人员也可能因此受到伤害。剪断的导、地线也会因为应力突变而弹跳、缠绕,可能会伤及作业人员。

10. 放、撤导线时,一定要对导线与牵引绳连接处全程监控。发现问题应立即停止,消除后才可继续作业。

11. 放、撤线工作在交通道口采取无跨越架施工时要设专人看守,必要时请交警现场协助。

6.5　高压架空绝缘导线工作

一、事故案例一:高压感应电使操作人员受惊吓

1.案例过程

××市供电公司配电专业人员在检修10kV东仓线时,发生一起感应电惊吓操作人员事件(该线路架设的是10kV绝缘线,同杆架设为110kV高压配电线)。作业人员在通过接地环验电时,验电器指示线路带电,作业人员非常紧张,急忙把线路有电的情况报告给工作负责人。工作负责人联系调度,调度检查相关设备,明确线路已经做好了停电措施。工作负责人检查用户侧,发现用户侧的开关也已经断开。后经分析,10kV绝缘线距离同杆架设的110kV线路距离满足安全距离要求,但在10kV绝缘线上有很多的感应电荷积累,导致线路上有很高的感应电压,因停电时间不长,感应电荷还没有消散。作业人员按规定完成了挂地线等后续措施,并加装了接地线,在作业中没有造成人员触电以及伤亡事故。

2.违反《配电安规》条款

6.5.1　架空绝缘导线不得视为绝缘设备,作业人员或非绝缘工器具、材料不得直接接触或接近。架空绝缘导线与裸导线线路的作业安全要求相同。

6.5.2　在停电检修作业中,开断或接入绝缘导线前,应做好防感应电的安全措施。

3. 案例分析

本案例中线路架设是中压 10kV 绝缘线路和高压 110kV 同杆架设。由于线路是同杆架设，110kV 对 10kV 线路形成一定的感应电。而 10kV 绝缘线又有不容易泄漏电压的因素，从而造成 10kV 线路带有相当高的感应电压。操作者没有按绝缘线的要求来做，导致操作人被惊吓。

二、小结

1. 架空绝缘线在施工过程中不能作为绝缘体来对待，因为导线的外绝缘有可能在展放过程中遭到破坏，降低了绝缘性能。

2. 因为在施工过程中绝缘线不能作为绝缘体，那么穿越未接地的绝缘线就应视为穿越带电体，要做好停电措施或绝缘隔离措施。

3. 对于同杆共架线路，当绝缘线路停电而共架线路未停电时，因共架线路之间位置平行，且距离很近，会在绝缘导线上产生感应电。此时，即使在绝缘线路的两端挂接地线，线路中间的感应电荷也无法被完全泄掉，开断和接入时会有感应电流出，为保证作业人员的人身安全，须要加装接地线。

6.6 邻近带电导线的工作

一、事故案例一：现场情况不清楚，误碰带电导线酿事故

1. 案例过程

12 月 21 日上午 8 时 40 分，××供电公司所属供电分局进行 10kV 梁五二线路家园分支线路更新工作，其中新架设的东西走向导线需跨越已废弃多年的原××市砂轮厂专线导线，因施工困难，故现场工作人员临时决定将该线路拆除，以便顺利施工。

实际上，现场虽然是已废弃多年的原××市砂轮厂专线，但导线还带有电压（从另一电源点供电），使登杆操作人员当场触电，造成一起人身触电死亡事故。

上午 8 时 40 分，现场工作负责人带领检修班工作人员李××到事故发生地的耐张分支电杆处，准备登杆验电挂地线后进行拆除该段导线的工作。由于两人对该耐张分支杆实际情况不清楚，特别是将带电的北侧、东侧导线误认为与南侧废弃导线是同一废弃线路，随即开始工作。李××登杆进行验电挂地线，工作负责人在地面监护。当对该杆侧导线验试无电后，准备挂地线时，由于该杆处于某蔬菜冷库的屋顶上，因此没有装设地线接地端，工作负责人在寻找合适的接地线接地点时，李××失去人员监护，在杆上移动中触及带电导线，造成触电身亡。

2. 违反《配电安规》条款

6.6.3　若停电检修的线路与另一回带电线路相交叉或接近,并导致工作时人员和工器具可能和另一回线路接触或接近至表 5-1 规定的安全距离以内,则另一回线路也应停电并接地。若邻近或交叉的线路不能停电时,应遵守本规程 6.6.4~6.6.7 条的规定。工作中应采取防止损伤另一回线路的措施。

6.6.7　与带电线路平行、邻近或交叉跨越的线路停电检修,应采取以下措施防止误登杆塔:

(1)每基杆塔上都应有线路名称、杆号。

(2)经核对停电检修线路的名称、杆号无误,验明线路确已停电并挂好地线后,工作负责人方可宣布开始工作。

(3)在该段线路上工作,作业人员登杆塔前应核对停电检修线路的名称、杆号无误,并设专人监护,方可攀登。

3. 案例分析

若停电线路与其他带电线路交叉或邻近,且在作业过程中作业人员、工器具、材料可能接触或接近时,为保障作业人员安全,另一回线路也应停电并接地。对于 10kV 线路,与邻近带电线路距离不足 1m 的,邻近的带电线路也应停电并接地。

为有效防止作业人员误登电杆,设备运行管理单位应在每基杆塔上设置杆号牌,上面标示线路名称、杆号。作业人员在登杆塔前,应核对检修线路的名称、杆号无误,验明线路确实已经停电,并挂好接地线后,工作负责人才能宣布开工。

二、小结

1. 监护人应时刻提醒工作人员注意保持安全距离,且工作人员使用的工具和材料不应过长,使用的绳索、安全带都应是绝缘的。

2. 在带电杆塔上刷油漆、紧杆塔螺丝,查看瓷瓶工作时,作业人员活动范围及其携带的工具、材料等,与带电导线的最小距离不得小于《配电安规》中表 5-1 的规定(10kV 线路为 1.0m)。进行上述工作必须使用绝缘绳索、绝缘安全带,在施工时,风力应不大于 5 级,并应有专人监护。

3. 表 5-1 的安全距离,主要考虑工作时人员工作时间较长,使用的工具、材料、绳索、拉线等在工作过程中无法保证绝对的安全,因此安全距离进行了放大,另外,在使用表 5-1 的安全距离时,还应考虑防感应电的问题。

4. 放线作业时要注意:滑车沟槽与导、地线匹配;放线滑车与牵引板匹配,保证牵引板能顺利通过。

5. 放线经过的电杆上应挂放线滑轮,导线放入滑轮后应可靠封口,以免导线脱落。导线上吊及放入滑轮时必须叫停放线,以免发生意外,待挂线人下杆后方可继续放线,以免滑轮卡线而拉倒电杆。放线经过村镇街道、公路、铁路和跨越架时,应设专人看护,以防车辆挂线伤人或导线挂伤行人,防止车辆轧伤导线,防止发生其他意外。

6. 检修线路的导、地线牵引绳索等与带电线路的导线应保持表 5-1 规定的安全距离。还要遵循放线区段的选择。

(1)一个放线区段的长度不超过 8km,且不超过 20 个放线滑车。

(2)便于跨越施工,停电时间最短;

(3)尽量以耐张塔作为起止点;

(4)一个区段内交叉跨越不宜过多;

(5)不以重要跨越物等不允许接头档为起止点;

(6)起止点有利于牵张设备和导线运输。

7. 登杆前查看、核对杆号是每个电力员工必须要做到的一项前置内容,只有做到了这一点才能防止误登杆。把好登杆这一关是自保的一项关键。

6.7 同杆(塔)架设多回线路中部分线路停电的工作

一、事故案例一:错停线路,未做安全措施,作业人员触电

1. 案例过程

2005 年 5 月 25 日,××电业局 10kV"火南线"发生接地故障,安排线路工区进行分段检查。需要将同杆架设在其下层的 10kV"城夺线"也同时停电。由于现场人员将"城夺线"误申报为 10kV"城调线",调度没有查问为什么要停"城调线",就将"火南线"和"城调线"停了电。

而应该停电的10kV"城夺线"却没有停电。线路工区工作人员未做验电、挂接地线等安全措施,即登杆准备作业,登杆过程中触电坠落死亡。

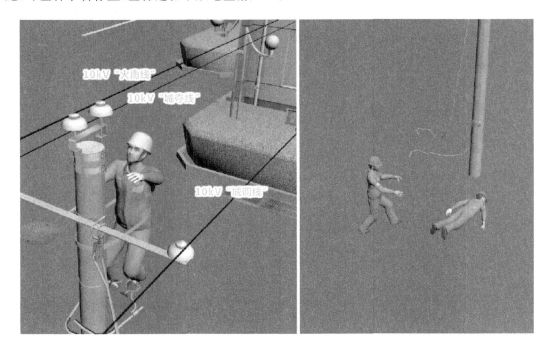

2.违反《配电安规》条款

6.7.1 工作票中应填写多回线路中每回线路的双重称号(即线路名称和位置称号)。

6.7.2 工作负责人在接受许可开始工作的命令前,应与工作许可人核对停电线路双重称号无误。

3.案例分析

(1)现场存在:勘察失误;调度失察;现场失职。

(2)严重违反《配电安规》关于发布操作指令的一系列规定,没有使用规范的调度术语、报设备双重名称,没有认真核对设备名称和编号,没有认真了解操作目的等。

(3)现场工作人员违章登杆工作,没有验电、挂地线是导致触电的直接原因。

二、小结

1.工作票填写时,对多回路的杆号必须填写双重称号,这是为了到现场后区分相邻的设备有相似或相近的称号。

2.填写和核对双重编号是线路施工的重要前提,只有技术措施得到保证才能在施工开始后安全地开展作业。因此,在工作票上填写多回线路中每回线路的双重称号,并在工作前认真核对,是开工前保证安全的重中之重。

3.禁止在有同杆(塔)架设的10(20)kV及以下线路带电情况下,进行另一回线路的停电施工作业。

　　4.设置图标和色标是避免并行出线架设多回路工作出现登错杆的最后一道防线。

　　5.由于带电设备附近空间狭小,安全距离受制,若是在带电设备附件使用绑线可能会导致与带电设备触碰,造成作业人员触电或引起短路事故。绑线应在下面绕成小盘再带上杆塔。

7 配电设备工作

7.1 柱上变压器台架上的工作

一、事故案例一:熔断器绝缘击穿,作业人员触电

1. 案例过程

2012年××供电公司工作负责人张××带领李××和申××组织在10kV上瓦房线16号变压器台低压侧进行消缺工作。上午10时30分左右张××在未办理工作票的情况下带领李××和秦××到达现场。拉开跌落式熔断器(后检查跌落式熔断器绝缘部位密封破坏,芯棒空心通道绝缘击穿造成变压器高压套管带电),李××将低压侧刀闸拉开后,工作人员张、秦二人在未进行验电、未装设接地线的情况下,便进行登台工作。10时45分,作业人员张××在右手触碰变压器高压套管时发生触电后高处坠落(未系安全带),经抢救无效死亡。

2. 违反《配电安规》条款

7.1.2 柱上变压器台架工作,应先断开低压侧的空气开关、刀开关,再断开变压器台架高

压线路的隔离开关(刀闸)或跌落式熔断器,高低压侧验电、接地后,方可工作。若变压器的低压侧无法装设接地线,应采用绝缘遮蔽措施。

3.3.2 填用配电第一种工作票的工作。配电工作,需要将高压线路、设备停电或做安全措施者。

3.案例分析

该次事故是典型的严重违反《配电安规》的表现。无票作业,不采取相应技术措施,高空作业不使用安全带是造成这次事故的主要原因。

在变压器台架上工作一定要断开高、低压侧的电源,使变压器台架处在一个相对的无电压状态。由于设计的原因,有些变压器台没有装设低压侧断开点,这时在台架上工作时要采取有效的安全措施,如把低压侧的外露部分屏蔽或包裹,让工作人员处于安全保护下进行作业。

二、小结

1.在新建的变压器台架上作业时,一定要检查各部位的连接部件连接是否牢固、可靠。在初上台架上工作时一定要进行试探性的移动。

2.在变压器台架上工作时一定要注意离地面的高度,正确使用安全带以防发生高处摔落。若变压器的低压侧无法装设接地线,应采用绝缘遮蔽措施。遮蔽措施一定要到位,不能敷衍了事,应能保证作业人员不会在作业过程中触及带电部位。

3.变压器台架上有人工作时,一定要设监护人,监护人要时刻提醒台架上的工作人员注意安全距离。在台架上作业时,不允许跌落保险上火带电的情况下,自作主张更换跌落保险下火引线。若必须进行更换下火引线作业,应用绝缘罩将跌落保险上部隔离,并设专人监护。

7.2 箱式变压器的工作

一、事故案例一:处理箱式变电站故障未做安全措施引发事故

1.案例过程

××年5月16日上午9时15分,××供电公司田××接电话通知,带领工作人员周××处理××小区箱式变电站故障,到达现场后,田××认为安排他们来处理故障,故障设备和相关线路必然已停电。田××未要求对设备进行验电、挂接地线等安全措施,即指挥周××打开箱式变电站的变压器设备开始检查,9时45分,田××发现周××突然倒地,并喊道:"有电!"后周××被送医院检查,为电击烧伤。后来发现,箱式变电站并未停电。

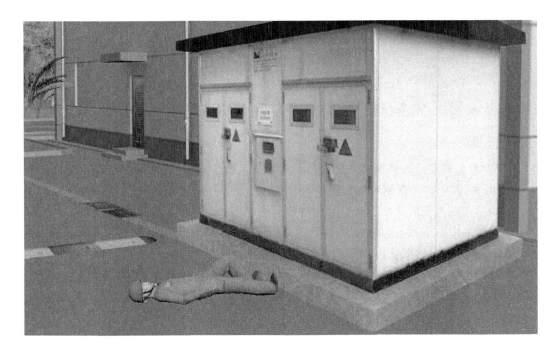

2.违反《配电安规》条款

7.2.1 箱式变电站停电工作前,应断开所有可能送电到箱式变电站的线路的断路器(开关)、负荷开关、隔离开关(刀闸)和熔断器,验电、接地后,方可进行箱式变电站的高压设备工作。

3.3.6 填用配电故障紧急抢修单的工作。

配电线路、设备故障紧急处理应填用工作票或配电故障紧急抢修单。

3.案例分析

(1)李××在未确认设备确已停电的情况下,盲目指挥工作。张××在未确认线路是否已停电、未完成箱式变电站的停电和采取技术措施的情况下开始工作,是造成本次事故的主要原因。

(2)××小区箱式变电站故障处理工作无票作业。

(3)该次事故的发生是有其必然性的,该单位管理不完善,作业人员安全意识淡薄,严重违反相关规程。不采取安全措施是这次事故的主要原因,无票作业是造成该事故的又一主要因素。

二、小结

1.在断开箱式变电站的时候一定要做到按票操作。正确使用劳保防护用品。二人操作,一人操作一人监护。

2.在箱式变电站内工作一定要把高压侧停运并接地,低压侧要短路接地(合上接地刀)后工作人员才可以进入变压器室。

7.3 配电站、开闭所的工作

一、事故案例一:安全检查未注意安全距离,检查人员触电

1. 案例过程

××市供电公司安监人员到用户处进行设备检查工作。有专工(秦××)带队。检查设备为10kV配电室,其中有一次侧和二次侧。

检查内容:市配电室的安全检查。具体内容为配电室所有设备的安全措施。当专工(秦××)和一行人进入配电室进行二次设备验收时,未发现异常现象。随后就进入一次设备控制室,其他人还没有进入,这时就听到放电声(秦××倒地),经抢救无效死亡。

现场人员讲述,秦××有好扬臂的习惯。在这次检查县局配电室安全的时候,进入一次配电室的时候,秦××扬臂挥手,因其站立位置与一次设备很近,手对一次设备放电,造成触电身亡。

2. 违反《配电安规》条款

7.3.4 配电站的变压器室内工作,人体与高压设备带电部分应保持表3-1规定的安全距离。(10kV的安全距离是0.7m)

7.3.5 配电变压器柜的柜门应有防误入带电间隔的措施,新设备应安装防误入带电间隔闭锁装置。

3. 案例分析

(1)秦××在不熟悉配电室设备运行情况,且未确认设备的安全距离前就进入设备危险区域,由于自己的不良习惯造成事故。

(2)该单位管理存在重大缺陷。安全检查的时候还能发生这样的低级错误,可想而知,安全规章在该单位就形同虚设。

(3)这次事故的发生有其必然性,据事后调查,检查人员没有办理任何手续,就进入配电室进行作业,是严重的违规。

二、小结

1.环网柜停电、验电、合上接地刀闸后,方可打开柜门。这个柜门是指带电体和运行的柜门,不是外边的箱体。这个柜门有五防装置,打开时一定要按步骤操作。

2.环网柜操作只有挂好警示牌、加锁以后才能算操作完毕。

3.配电站的变压器室内工作,人体与10kV高压设备带电部分应保持0.7m的安全距离。

4.配电变压器柜的柜门应该有防止作业人员误入带电间隔的措施,新设备应装设防误入带电间隔的闭锁装置,有效避免作业人员触电。

5.在室内有带电设备的情况下搬动金属工具,一定要设专职监护人,及时提醒操作人员保持与带电设备的安全距离。在测量距离时要用绝缘材料制造的工具。

6.在有带电设备的配电室内需要登高作业时,严禁使用金属梯子、凳子。即便是绝缘工具,在搬动的时候也要注意与带电体的安全距离。

7.4　计量、负控装置工作

一、事故案例一:处理计量故障造成相间短路,作业人员被烧伤

1. 案例过程

××市公司桥东分公司在处理一起低压计量故障时发生相间短路事故,造成作业人员双手被弧光烧伤。

事故经过:抢修人员赵××接到客服中心通知,××门市少一相电(三相0.4kV),后带领值班员李××赶往现场。到现场查看后发现电表表前开关一相接线螺丝烧毁,造成负荷线脱落,造成一相没电。因需要及时恢复用户供电,只能带电更换开关。在拆除引线时,由于相间距离小,造成两相短路,而且李××在更换开关作业时没有按规定戴手套,造成双手被弧光烧伤。

2. 违反《配电安规》条款

7.4.2　电源侧不停电更换电能表时,直接接入的电能表应将出线负荷断开;经电流互感器接入的电能表应将电流互感器二次侧短路后进行。

7.4.4　负控装置安装、维护和检修工作一般应停电进行,若需不停电进行,工作时应有防止误碰运行设备、误分闸的措施。

3. 案例分析

本次事故虽然比较小,没有造成严重的危害,但性质恶劣。

作业人员之间应认真监护、及时提醒。作业人员要有安全理念,应细心作业。作业前认真检查作业环境,能停电及时停电再进行作业。若不能停电作业,也应采取必要的安全措施,拆除一相引线后应进行绝缘包裹后,再拆除下一相引线。作业人员应标准着装,即使短路,若有安全用品的保护也不至于烧伤。

二、小结

1.电流互感器(CT)二次侧不能开路,电压互感器(PT)二次侧不能短路。

2.安全措施

(1)着装要求。长袖棉质工作服、棉质工作裤及线手套。

(2)安全帽。用来保护工作人员头部,使头部减少冲击伤害的安全用具。

(3)绝缘鞋。绝缘鞋是在任何电压等级的电器设备上工作时用来与地面保持绝缘的辅助

安全用具,也是防护跨步电压的基本安全用具。应根据作业场所电压正确选用绝缘鞋,低压绝缘鞋禁止在高压电气设备上作为安全辅助用具使用。

3.电能计量装置安装要求:安装工艺严格按照 DL/T825—2002《电能计量装置安装接线规则》等有关工艺要求进行现场施工,要求做到布线合理、美观整齐、连接可靠。

4.在电源侧不停电更换计量装置时应保证安全。CT、PT 更换安装应按步骤进行。

5.高压侧停电,低压侧接地后才可以开始试验工作。

6.计量的施工、更换作业虽然简单,但是越是简单的工作,作业人员越容易大意,容易发生事故。因此我们要恪守安规条文,杜绝事故的发生。

8 低压电气工作

8.1 一般要求

一、事故案例一：箱体未验电导致作业人员受电击

1. 案例过程

×年×月，××供电公司接到报修电话，客户刘×家单户停电，办理低压故障抢修单后，台区经理赵×、王×到现场进行故障排查。经判断为客户计量箱内负荷开关电源侧接线不牢固，需要打开计量箱紧固负荷开关电源侧螺丝。赵×从客户家借来竹梯后（梯子常年在室外放置导致潮湿），由王×负责扶梯，赵×负责登梯作业，赵×未戴手套登至作业位置后，在没有对计量箱外壳进行验电的情况下即进行开箱作业，当赵×触及计量箱外壳时，因计量箱外壳带电，导致赵×受到电击，幸好及时摆脱未发生人身伤亡。

2. 违反《配电安规》条款

8.1.1　低压电气带电工作应戴手套、护目镜,并保持对地绝缘。

8.1.3　低压电气工作前,应用低压验电器或测电笔检验检修设备、金属外壳和相邻设备是否有电。

3. 案例分析

作业人员赵×在低压电气带电设备上工作要戴好手套,使用干燥绝缘的登高工具,案例中赵×从客户家借来的竹梯绝缘性能差(梯子常年在室外放置导致潮湿),绝缘强度不符合要求;作业人员赵×触碰低压设备外壳或者外露金属部分前应使用合格的低压验电器或验电笔进行正确验电,验明确无电压后方可进行相关作业,案例中赵×未进行验电而直接接触带电箱体,导致受到电击;王×未履行到监护责任。

二、事故案例二:防护不到位作业人员遭灼伤

1. 案例过程

×年×月,×所按照施工作业计划对李村村内低压表箱进行改造施工,到达施工现场后,班长张×按规定组织召开了班前会,进行了安全技术交底,然后安排大家开始工作。到达电缆分支箱后,进行低压带电接线作业,班长张×在一旁监护,李×戴好绝缘手套未戴护目镜,在用普通扳手紧固分支箱螺丝时,由于用力过大,螺丝滑扣,扳手搭在的铜排与箱体上,造成低压短路起弧,致李×面部烧伤,眼睛受到强烈刺激,流泪不止,随即迅速送医院救治。

2. 违反《配电安规》条款

8.1.1　低压电气带电工作应戴手套、护目镜,并保持对地绝缘。

8.1.6　低压电气带电工作,应采取绝缘隔离措施防止相间短路和单相接地。

8.1.8　低压电气带电工作使用的工具应有绝缘柄,其外裸露的导电部分应采取绝缘包裹措施;禁止使用锉刀、金属尺和带有金属物的毛刷、毛掸等工具。

3. 案例分析

作业人员李×在低压电气带电设备上工作要戴好手套、护目镜,使用的工具应有绝缘柄,其外裸露的导电部分应采取绝缘包裹措施。案例中李×未戴好护目镜,未使用带绝缘手柄,对外裸露的导电部分工作时未采取有绝缘包裹的普通扳手,是造成本次事故的发生主要原因。张×未履行到监护责任,没有提醒李×戴护目镜,也未在李×使用不合格的工具作业进行制止,是本次事故造成的重要原因。

三、事故案例三:绝缘不到位引发短路事故

1. 案例过程

×年×月,××供电公司台区经理王×在进行带电更换智能表工作过程中,拆下来的引线未进行绝缘包裹,使用的普通螺丝刀外露可导电部位没有采取绝缘措施,当王×拆下智能表

A、B相正拆C相时,因螺丝刀外露金属部分碰触B相引线造成B、C相短路,造成王×面部及手部电弧灼伤。

2.违反《配电安规》条款

8.1.4　低压电气工作,应采取措施防止误入相邻间隔、误碰相邻带电部分。

8.1.5　低压电气工作时,拆开的引线、断开的线头应采取绝缘包裹等遮蔽措施。

8.1.6　低压电气带电工作,应采取绝缘隔离措施防止相间短路和单相接地。

8.1.8　低压电气带电工作使用的工具应有绝缘柄,其外裸露的导电部位应采取绝缘包裹措施;禁止使用锉刀、金属尺和带有金属物的毛刷、毛掸等工具。

3.案例分析

低压带电作业使用的工具应有绝缘柄,并将螺丝刀等工具的外露过长导电部位采取绝缘措施;拆除导线时应拆除一根导线后,马上对断头进行绝缘包裹,安装时安装一根导线解除一根导线的绝缘包裹。应采取必要的绝缘隔离措施,防止发生相间短路、单相接地或者误碰相邻带电部分。

四、小结

1.低压电气工作中,电气设备种类多,空间狭小,设备之间距离小,导线之间、导线与地电位之间间隙小,作业人员应戴手套,最好是绝缘手套,保证作业人员手部与设备绝缘。同时,作业人员应保持对地绝缘,可以采用穿绝缘鞋、在脚下设绝缘垫、用绝缘平台等方法,防止作业人员与大地之间形成回路,造成触电。

2.低压电气设备设置比较密集,同一空间内有的设备已经停电,有的设备带电,此时,作业人员有可能误碰带电设备。有些设备因为自身故障外壳会带电,作业人员碰及设备外壳就会触电。在低压设备上工作前,应用低压验电器或测电笔对低压设备进行验电,对作业人员可能触及的设备也应验电。

3.低压导线断开后,两个断头的电位不同,在狭小的空间里,作业人员容易同时接触不同断头,造成触电伤害。同时,不同相的两个断头可能在作业过程中搭接在一起,造成短路。低压电气工作时,拆开的引线、断开的线头应采取绝缘包裹等遮蔽措施。

4.低压电气设备设置比较密集,线路各相之间、相地之间距离小,设备各相之间距离也很小,为了防止在作业过程中发生相间短路或相地短路,应采取绝缘隔离措施防止相间短路和单相接地。

5.在低压作业过程中,所使用的工具会短接相与相之间、相与地之间,为了防止金属工具造成相间短路或相地短路,低压电气带电工作使用的工具应有绝缘柄,其外裸露的导电部位应采取绝缘包裹措施。同时,一些带有金属粉末的工具也有可能造成短路,如锉刀、带有金属物的手刷、毛掸等工具,也要禁止使用。金属尺等全金属的工具应禁止使用。

8.2 低压配电网工作

一、事故案例一:断线不按顺序致家电烧损

1. 案例过程

××供电公司客户刘×家中线路接触不良,造成家中电器无法正常使用,刘×找到台区经理王×维修。刘×家中有两路电源,一路为家中照明用电,一路为采暖设备用电,两路电源相线不同,共用一根零线。王×发现刘×家三根导线接头均有发热现象,计划全部断电后重接,当王×断开第一根导线后(零线),刘×家中电压突然升高,造成家用电器烧毁。

2. 违反《配电安规》条款

8.2.1 带电断、接低压导线应有人监护。断、接导线前应核对相线(火线)、零线。断开导线时,应先断开相线(火线),后断开零线。搭接导线时,顺序应相反。禁止人体同时接触两根线头。禁止带负荷断、接导线。

3. 案例分析

王×断、接导线前未断开用电设备,且刘×家中用电设备共用一根零线,当零线断开后,两路相线通过用电设备相连,造成电压升高烧毁电器。带电断、接导线前要先核对相线、零线。断开导线时,应先断开相线,后断开零线。搭接导线时,顺序应相反。禁止带负荷断、接导线。

二、事故案例二:断线先断零线导致家电烧坏

1. 案例过程

×年×月,××所营业班作业人员按照业扩作业计划对用户低压表箱进行更换施工,到达施工现场后,班长李×按规定组织召开了班前会,进行了安全技术交底,然后安排大家开始工作。班长李×监护,工作班成员认为该时间段用户应该没有用电,郭×误拆除用户零线出线交给赵×安装,安装结束后,用户说家里电视机、电脑先是停电然后冒烟了。

2. 违反《配电安规》条款

8.2.1 带电断、接低压导线应有人监护。断、接导线前应核对相、零线。断开导线时应先断开相线(火线),后断开零线。搭接导线时,顺序应相反。禁止人体同时接触两根线头。禁止带负荷断、接导线。

3. 案例分析

郭×在对旧表箱进行拆除前未进行零线、相线的判别,未进行负荷电流测量,未断开用户负荷开关,先误拆零线,造成用户单相负荷电压升高烧损家电。张×未履行到监护责任。

三、小结

1.低压带电作业过程中,因低压线路导线之间距离小,设备设置密集,存在非常大的安全

风险,低压带电作业需要在有人监护下进行。因低压电网采取了接零保护和接地保护,零线相对安全,因此,断、接导线前应核对相线(火线)、零线。断开导线时,应先断开相线(火线),后断开零线。搭接导线时,顺序应相反。

2.低压导线断开后,两个线头的电位不同,在狭小的空间里,作业人员容易同时接触不同线头,造成触电伤害。禁止作业人员同时接触两根线头,防止触电。

3.带负荷断、接导线,类似于带负荷进行拉闸、合闸操作,会产生较大电弧,从而伤害到作业人员。为了保护作业人员的安全,禁止带负荷断、接导线。

4.高低压同杆(塔)架设,作业人员穿越下层低压带电导线时,因导线之间的距离小,作业人员很容易同时触及两相或相地,从而导致作业人员串入电路,造成触电。因此,在下层低压带电导线未采取绝缘隔离措施或未停电接地时,作业人员不得穿越。

5.电容柜内的电容器是一个储能部件。即使停电后,电容器内也会存储大量电荷,若停电后马上开始工作,电容器内的剩余电荷会对作业人员造成触电伤害。电容器柜内工作,应断开电容器的电源、逐相充分放电后,方可工作。

6.作业人员在配电箱、电表箱上工作或邻近工作时,应先验电确认箱体无电压后方可开始作业。当发现配电箱、电表箱箱体带电时,应断开上一级电源,防止由于设备内部绝缘损坏或其他漏电等造成配电箱或电表箱带电,造成作业人员触电。若断开上一级电源后箱体仍然带电,可能是由于反送电造成的,需要检查接线情况、负荷侧用户情况,查明带电原因,并作相应处理,解除安全隐患后,才能进行作业。

8.3 低压用电设备工作

一、事故案例一:停电不验电、断电不明显致作业人员触电

1.案例过程

×年×月,××供电公司施工人员王×和刘×在进行智能表迁移工作,王×在拉开JP柜内分路断路器后,没有断开隔离刀闸,没有采取接地措施即开始作业。当王×拆下智能表后,认为已拉闸停电,所以没有对导体的裸露部分进行绝缘包裹。王×拆除智能表表箱过程中,因碰触接头裸露部分导致触电从梯子坠落摔伤。经检查发现该分路断路器A相触头粘连导致负荷侧带电。

2.违反《配电安规》条款

8.1.5 低压电气工作时,拆开的引线、断开的线头应采取绝缘包裹等遮蔽措施。

8.1.9 所有未接地或未采取绝缘遮蔽、断开点加锁挂牌等可靠措施隔绝电源的低压线路杆设备都应视为带电。未经验明确无电压,禁止触碰导体的裸露部分。

8.3.3 在低压用电设备上停电工作前,应断开电源、取下熔丝,加锁或悬挂标示牌,确保不误合。

8.3.4 在低压用电设备上停电工作前,应验明确无电压,方可工作。

3. 案例分析

低压停电作业时应断开所有开关和刀闸,并验电装设接地线后进行。未验明确无电压的设备、导线应视为带电,禁止碰触。拆除的导线线头应进行绝缘包裹。所有未接地或未采取绝缘遮蔽、断开点加锁挂牌等可靠措施隔绝电源的低压线路和设备都应视为带电。未经验明确无电压,禁止触碰导体的裸露部分。

二、小结

1. 在低压用电设备上停电工作前,为防止其他人员误合电源,导致作业人员触电,应断开电源、取下熔丝,上锁或悬挂标示牌"禁止合闸,有人工作!"确保不误合。

2. 在低压设备上进行的停电工作,也应严格执行停电、验电、接地、悬挂标示牌的技术措施,或采取可靠的绝缘隔离措施,确保作业人员不会受到触电伤害。

9 带电作业

9.1 一般要求

一、事故案例一:带电摘除异物,发生跳闸事故

1.案例过程

×年×月,××市供电公司带电作业班完成带电消除边相导线上异物的作业,导线为裸导线,异物为缠绕在导线上的塑料带,作业方法为绝缘斗臂车绝缘手套作业法。成员为郑××、杨××、贺××,郑××为工作负责人(兼监护人),杨××和贺××为斗内作业人员。到达现场后,郑××交代了作业任务并完成了作业分工,杨××和贺××穿好绝缘防护用具后,升斗作业。因塑料带较宽,且缠绕紧密,杨××用力拉,未注意距离缠绕处不远的直线绝缘子绑线已经松脱,在拉塑料带的过程中,导线来回晃动,最终导致导线脱落,触及横担,引起跳闸,人员无伤亡。

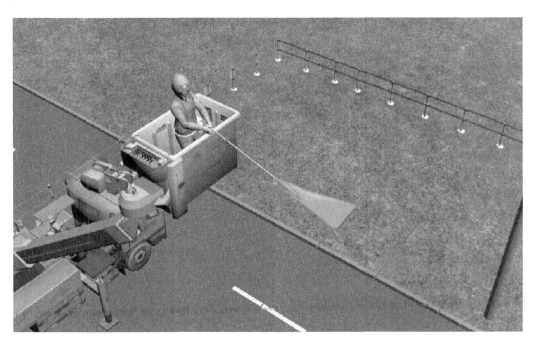

2. 违反《配电安规》条款

工作负责人在现场勘察时不仔细,未发现影响作业的危险点,违反了《配电安规》

9.1.6 带电作业项目,应勘察配电线路、设备是否符合带电作业条件、同杆(塔)架设线路及其方位和电气间距、作业现场条件和环境及其他影响作业的危险点,并根据勘察结果确定带电作业方法和所需工具以及应采取的措施。

工作负责人在作业前重新勘察现场时不仔细,未发现影响作业的危险点,违反了《配电安规》

3.2.5 开工前,工作负责人或工作票签发人应重新核对现场勘察情况,发现与原勘察情况有变化时,应及时修正、完善相应的安全措施。

3. 案例分析

带电作业前,工作负责人应认真勘察现场,对作业过程中可能影响到的线路、设备、设施仔细观察,以察看其运行状态是否良好,如果发现设备设施的缺陷应做好记录,研究解决方案,做好危险点的安全预防措施。对工作点邻近的一档或多档线路,应对电杆、基础、导线、绝缘子、绝缘子绑线等都进行查看。并对作业现场的周边环境进行认真查看,发现是否有影响作业的不利因素。

开工前,工作负责人或工作票签发人应重新核对现场勘察情况,勘察地点不应局限于作业点,应将作业范围内可能影响到的安全的所有设备设施全部检查,及时发现安全隐患,及早处理。

对于使导线受力的作业,应查看本档导线两端的电杆基础是否坚实,电杆本体是否牢固,电杆是否有倾斜,拉线是否完好,导线绑扎线是否有断裂、松脱、灼伤等情况,绝缘子是否固定可靠,防止作业过程中出现意外。

二、事故案例二:雨天更换耐张绝缘子串,线路跳闸

1. 案例过程

××年×月,××县供电公司带电作业班完成10kV线路带电更换边相耐张绝缘子串工作,作业方法为绝缘手套作业法。成员为刘××、杨××、韩××、卫××,工作负责人为刘××,工作班成员为杨××、韩××、卫××。开始作业时,天气为阴天。工作负责人刘××安排好工作任务后,未测量温度和湿度即开始作业。杨××、韩××穿戴好绝缘防护用具,升斗进行作业。杨××、韩××做好绝缘遮蔽,挂好绝缘紧线器,准备拆下旧绝缘子串时,这时突然下起了小雨,作业人员未停止工作,而是加快了工作速度。新绝缘子串安装完成后,雨突然下大,工作负责人命令作业人员撤离作业点。此时,绝缘紧线器及牵引绳被淋湿,导线对电杆短路,造成线路跳闸。所幸作业人员及时撤离,未造成人身伤害。事后了解,工作票签发人、工作负责人都已经取得带电作业资质证书,但工作票签发人未参加过带电作业工作,工作负责人参加带电作业工作也不足一年,工作经验不足。

2. 违反《配电安规》条款

作业过程中,下起小雨,工作负责人未及时停止工作,违反了《配电安规》

9.1.5　带电作业应在良好天气下进行,作业前须进行风速和湿度测量。若遇雷电、雪、雹、雨、雾等不良天气,禁止带电作业。风力大于5级,或湿度大于80％时,不宜带电作业。带电作业过程中若遇天气突然变化,有可能危及人身及设备安全时,应立即停止工作,撤离人员,恢复设备正常状况,或采取临时安全措施。

工作票签发人、工作负责人经验不足,违反了《配电安规》

9.1.2　参加带电作业的人员,应经专门培训,考试合格取得资格、单位批准后,方可参加相应的作业。带电作业工作票签发人和工作负责人、专责监护人应由具有带电作业资格和实践经验的人员担任。

工作票签发人未对工作进行必要的安全确认,违反了《配电安规》

3.3.12.1　工作票签发人:

(1)确认工作必要性和安全性。

(2)确认工作票上所列安全措施正确完备。

(3)确认所派工作负责人和工作班成员适当和充足。

工作负责人在下雨之后,未及时中止作业,违反了《配电安规》

3.3.12.2　工作负责人(监护人):

(1)正确组织工作。

(2)检查工作票所列安全措施是否正确完备,是否符合现场实际条件,必要时予以补充完善。

(4)组织执行工作票所列安全措施。

(5)监督工作班成员遵守本规程、正确使用劳动防护用品和安全工器具以及执行现场安全措施。

3. 案例分析

配网不停电作业为高空作业,如果遇到雷雨天气,作业人员因所处位置比较高,易受到雷击,在雷雨天气不能进行带电作业。在雪、雨天气,水会把作业工具打湿,从而造成作业工具中的泄漏电流过大,易引发短路、电弧伤害等安全事故。在有雾天气下,绝缘工具表面会吸水受潮,致使绝缘工具表面泄漏电流过大,易引发沿绝缘工具表面放电的事故。遇雷电、雪、雹、雨、雾等不良天气时,禁止带电作业。作业前,应测量现场的温度和湿度,风力大于5级,或湿度大于80％时,不宜带电作业。5级风的风速为:8.0～10.7m/s,一般情况下,风速大于10m/s时,不宜进行带电作业。

带电作业过程中若遇天气突然变化,有可能危及人身及设备安全时,应立即停止工作,撤离人员,恢复设备正常状况,或采取临时安全措施。天气变化有时会非常迅速,为保障作业人员的人身安全和设备设施的安全,遇到天气突然变为雷电、雪、雹、雨、雾等不良天气时,应立即停止作业,撤离人员,恢复设备正常状况。

配网不停电作业中，作业人员需要直接或间接接触高压带电部分，存在作业人员串入相间或相地之间的安全风险，也存在两相短路或相间短路的安全风险，且很多作业项目操作流程复杂，容易造成人身伤害或设备伤害。参加配网不停电作业的人员必须经过专业培训，学习电力系统的专业知识，学习带电作业的工作原理和作业方法，学习带电作业专业技能操作，了解带电作业过程中存在的危险点和防范措施，经考试合格并由国家电网公司评估合格的带电作业培训机构发放上岗证后方可参加工作。

工作票签发人应具有带电作业资质，并有丰富的工作经验。近年来，配网不停电作业处于不断扩张的状况，很多没有开展过配网不停电作业的县公司逐步开始进行配网不停电作业工作，而这些县公司缺少有工作经验的工作票签发人、工作负责人。工作票签发人缺少工作经验，对作业过程中可能出现的安全隐患缺少判断，对工作票中的安全措施难以提出自己的合理建议。工作负责人缺少工作经验，对于作业过程中可能出现的安全隐患缺少了解，对带电作业的内涵缺少理解，难以对突发情况做出合理应对。应采取培训、技术交流、跟班学习等方式加强工作票签发人、工作负责人的技能学习，提升他们的技术水平，以此促进作业能力、安全水平的提升。

工作票签发人承担着非常重要的安全责任，应熟悉参加作业人员的技术技能水平、本地区配电网的架构及网络形式、设备设施运行状态、相关专业规程和安全规程、安全措施是否齐备，并且必须具有丰富的现场工作经验。工作票签发人可以根据现场的运行方式和实际的情况确认工作任务的必要性、安全性，并确认该采取何种作业方式，工作票中所列的安全措施是否合理、完备。还要确认所派工作负责人和工作班成员是否适当，尤其是工作负责人，是否能承担起工作票中所要求完成的工作任务，是否能保障安全措施的正确施行，是否能应对各种突发事件。

工作负责人是生产现场的指挥者，应当具备应对突发情况的能力。这就要求工作负责人能对配网不停电作业的工作原理有深刻的认识，理解作业人员发生触电伤害的根源在哪里，掌握导致相间短路、相地短路的原因有哪些。针对这些可能发生的安全风险，要有应对的措施。遇到阴天天气，应当测量空气的湿度，根据湿度情况判断是否适宜进行带电作业。当突然下雨时，应当立刻停止作业，恢复设备正常工作，保证人身安全和设备安全。对于可能遇到的安全风险，应当写入工作票中，并有合理的安全措施。

三、小结

1. 进行带电作业时，作业人员需要接触或靠近带电体，发生触电伤害的危险性大，发生人身伤亡事故的风险大。从事带电作业人员应具有一定的专业知识基础和技能操作水平，在评估认定的培训基地参加专门取证培训，考试合格并取得资格，确认理论及操作水平满足工作要求，并按要求定期进行复证。

2. 在进行带电作业前，工作负责人一定要进行现场勘察，察看作业现场是否满足带电作业的条件，是否有对作业人员或设备设施造成危害的安全隐患。对作业过程中可能影响到的线路、设备、设施仔细观察，以察看其运行状态是否良好，是否存在机械损伤，是否有电击损伤，是否有绑线松脱及连接件缺失,是否有其他有碍作业的物体等情况。如果发现设备设施的缺陷应做好记录,研究解决方案,做好危险点的安全预防措施。

3.带电作业过程中,一定要有专人监护,及时发现操作人员的不安全行为并制止。作业过程中,作业人员可能因天气情况、心理问题、工具操作熟悉度不足、对操作流程不够熟悉等原因出现一些危及人身或设备安全的操作,作为工具监护人,应及时发现问题并制止作业人员的不安全行为。

4.带电作业应在良好天气下进行,作业前,作业人员应测量风速和湿度,查看天气情况,天气不满足作业条件时,应立即停止作业。雨、雾和潮湿天气时,绝缘工具长时间在露天中使用会被潮侵,此时绝缘强度明显下降,绝缘工具可能因泄漏电流剧增而导致绝缘闪络和烧损,从而造成严重的人身、设备事故,故带电作业不允许在雨天进行。

5.带电作业新项目,应组织技术骨干进行研讨,制定标准化作业指导书和作业流程,并组织作业成员进行演练,确认无安全风险后方可实际操作。研制的新工具,应进行试验论证,组织作业人员进行操作演练,制定出相应的操作工艺方案和安全技术措施,经本单位批准后,方可使用。

9.2　安全技术措施

一、事故案例一:更换针式绝缘子绑线,作业人员被电弧烧伤

1.案例过程

×年×月,××县供电公司带电作业班完成10kV带电更换针式绝缘子绑线的抢修工作,

作业方法为绝缘斗臂车绝缘手套作业法。作业人员为吕××、郑××、楚××,吕××为工作负责人,郑××、楚××为工作班成员。因配电运行人员在巡视过程中发现某线路的边相针式绝缘子绑线断开,上报后,部门安排带电作业班进行抢修。吕××带领郑××、楚××来到作业现场,因正值夏天,天气又热又潮,气温高达36℃,湿度达75%。郑××为斗内电工,他说更换边相绝缘子绑线很简单,不需要进入相间,快速处理也就是几分钟的事,因此只戴了绝缘手套,未穿绝缘服,就升斗开始作业。对此,工作负责人吕××也没有表示异议。郑××到达作业位置后,未对设备进行绝缘遮蔽,就开始作业。先拆除了旧绑线,又用新绑线对绝缘子进行绑扎,在绑扎的过程中,因绑线展开长度过长,绑线对横担放电,产生电弧,郑××被电弧灼伤,线路跳闸。

2. 违反《配电安规》条款

作业人员郑××未对导线、绝缘子及横担进行绝缘遮蔽,违反了《配电安规》

9.2.7　对作业中可能触及的其他带电体及无法满足安全距离的接地体(导线支承件、金属紧固件、横担、拉线等)应采取绝缘遮蔽措施。

9.2.8　作业区域带电体、绝缘子等应采取相间、相对地的绝缘隔离(遮蔽)措施。禁止同时接触两个非连通的带电体或同时接触带电体与接地体。

作业人员郑××未穿绝缘服就进行作业,违反了《配电安规》

9.2.6　进行带电作业时,应穿着绝缘防护用具(绝缘服或绝缘披肩、绝缘袖套、绝缘手套、绝缘鞋、绝缘安全帽等),断、接引线作业应戴护目镜,使用的安全带应有良好的绝缘性能。带电作业过程中禁止摘下绝缘防护用具。

工作负责人(监护人员)吕××监护不到位,未及时制止张××的不安全行为,违反了《配电安规》

3.3.12.2　工作负责人(监护人):

(5)监督工作班成员遵守本规程、正确使用劳动防护用品和安全工器具以及执行现场安全措施。

3. 案例分析

配网不停电作业过程中,受线路架构狭小的限制,作业人员在作业过程中,活动空间小,身体的不同部位可能同时接触两相导线或导线与地电位物体,作业人员有串入相地之间、两相之间的安全风险。同时,导线与地电位之间,引线与导线之间,引线与地电位之间距离小,可能引起相间短路或相地之间短路。为了避免发生人身触电伤亡事故、两相短路事故、导线接地事故,应在作业过程中采取必要的安全措施。对作业范围内作业人员可能触及到的部位,以及可能造成相间短路、导线接地的部位进行有效绝缘遮蔽,可以防止事故的发生。对作业中可能触及的其他带电体及无法满足安全距离的接地体应采取绝缘遮蔽措施,包括:导线支承件、金属紧固件、绝缘子、耐张线夹、电杆、横担、拉线等。作业区域带电体、绝缘子、设备设施等应采取相间、相对地的绝缘隔离措施或绝缘遮蔽措施。

因导线与地电位物体之间的距离小,两相之间的距离也小,作业人员在进行绝缘遮蔽时,人体很容易将导线（或引线）与地电位物体短接，或将两相短接。作业人员在进行带电作业的过程中，必须要穿戴必要的绝缘防护用具，包括：绝缘服或绝缘披肩、绝缘袖套、绝缘手套、绝缘裤、绝缘鞋（靴）、绝缘安全帽等。断、接引线作业时，为防止可能出现的电弧伤害作业人员，作业人员应戴护目镜。带电作业人员所用的斗内安全带也应为绝缘安全带，有良好的绝缘性能。

工作负责人应具有丰富的工作经验，有健全的安全理念。对作业过程中可能出现的安全隐患，工作负责人应有清晰的认识，对工作内容、作业流程应该非常熟悉。对绝缘防护用具穿戴不齐、绝缘遮蔽不严造成的后果，工作负责人应该有清醒的认识，对违反规程的行为应及时制止。工作负责人应监督工作班成员遵守电力安全工作规程、遵守相关规程、正确使用劳动防护用品和安全工器具，在作业过程中执行现场安全措施。

二、事故案例二：更换绝缘子作业，作业人员触电身亡

1. 案例过程

×年×月，××供电公司带电作业班完成 10kV 金马线 15 支 26 号杆带电消缺工作（中相立铁螺栓安装、紧固；更换中相瓷横担绝缘子），作业方法为绝缘斗臂车绝缘手套法。作业人员为王××、吴××、张××、刘××，其中王××为工作负责人，吴××、张××、刘××为工作班成员。到达现场后，工作负责人王××安排吴××、张××为斗内电工，刘××为地面电工，交代了工作任务，但未交代危险点及安全措施。吴××、张××穿戴好绝缘手套、绝缘套袖、绝缘背心进入绝缘斗内，由吴××用绝缘杆将倾斜的中相导线推开，张××对中相导线做绝缘防护，因中相导线上有放电线夹，绝缘遮蔽措施做得不到位，有明显的外露部分，工作负责人未提出问题。中相导线做了绝缘遮蔽后，吴××继续用绝缘杆推动导线，将中相立铁推至抱箍凸槽正面，张××安装、紧固立铁上侧螺母。张××在安装中相立铁上侧螺母时，因螺栓在抱箍凸槽内，戴绝缘手套难以顶出螺栓，张××也未带其他工具。为了作业方便，张××擅自摘下双手绝缘手套作业，在摘下绝缘手套过程中，右侧的绝缘套袖被拉下来遮住了右手，张××左手扶着中相立铁，举起右手想让绝缘套袖自动滑落，右手与遮蔽不严的中相放电线夹距离过近产生放电，造成触电，经抢救无效死亡。

2. 违反《配电安规》条款

作业人员张××作业过程中摘下绝缘手套，违反了《配电安规》

9.2.6 进行带电作业时，应穿着绝缘防护用具（绝缘服或绝缘披肩、绝缘袖套、绝缘手套、绝缘鞋、绝缘安全帽等），断、接引线作业应戴护目镜，使用的安全带应有良好的绝缘性能。带电作业过程中禁止摘下绝缘防护用具。

在带电作业过程中，张××安全措施布置不完善，放电线夹遮蔽不严，违反了《配电安规》

9.2.7 对作业中可能触及的其他带电体及无法满足安全距离的接地体（导线支承件、金属紧固件、横担、拉线等）应采取绝缘遮蔽措施。

工作负责人（监护人员）王××监护不到位，未及时制止张××的不安全行为，违反了《配电安规》

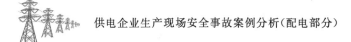

3.3.12.2　工作负责人(监护人):

(5)监督工作班成员遵守本规程、正确使用劳动防护用品和安全工器具以及执行现场安全措施。

作业人员张××在作业过程中不遵守安全规程,违反了《配电安规》

3.3.12.5　工作班成员:

(2)服从工作负责人(监护人)、专责监护人的指挥,严格遵守本规程和劳动纪律,在确定的作业范围内工作,对自己在工作中的行为负责,互相关心工作安全。

3. 案例分析

配电网线路复杂,配电网设备密集,三相导线之间的空气间隙小,对地距离小,且有同杆高低压共架或同杆多回架设的情况。因作业范围很窄小,很容易造成作业人员触及不同电位或其他电力设备。在作业过程中,如果出现安全措施设置不全,作业方式不规范,工具使用不当,作业人员心理过于紧张等情况,很容易发生单相接地、相间短路,引发人身伤亡或设备损坏事故。

在进行配电线路带电作业时,作业人员应根据作业现场的实际情况合理穿戴绝缘防护用具,并经工作负责人检查无误后方可进斗作业,防止作业人员身体不同部位接触异电位物体导致危险。在作业过程中,作业人员如果摘下防护用具,则作业人员将失去绝缘防护,因配电线路三相导线之间、相地之间间隙小,作业人员动作稍微大一些就可能导致身体接触不同电位物体,直接串入电路中。此时,电流会流经人体,对作业人员造成严重的伤害。在配电线路带电作业过程中,作业人员严禁摘下绝缘防护用具。

为了防止作业人员身体接触不同电位的物体,除了绝缘防护用具之外,还要通过绝缘遮蔽用具将作业人员可能触及的范围全部遮蔽。绝缘防护用具在使用过程中可能会被尖锐的物体刺穿,或因长期使用被电击穿,此时绝缘防护用具将失去防护作用。作业人员的安全还需要通过绝缘遮蔽用具来进行保障。利用导线遮蔽罩、引线遮蔽罩、横担遮蔽罩等可以很方便地对一些部件进行遮蔽,其他不容易遮蔽的部件可以用绝缘毯进行绝缘遮蔽。凡在作业过程中作业人员可能触及的带电体或接地体都应进行绝缘遮蔽,避免侥幸心理。

在作业过程中,工作负责人(监护人)应确实起到应有的监护作用,对作业人员在作业过程中的不安全行为应及时制止并给予纠正。当发现工作班成员有危险动作时,如未对身体可能触及的带电体、绝缘子、接地体进行绝缘遮蔽,工作负责人应及时进行纠正,防止意外发生。当工作班成员有严重危险行为时,如在作业过程中摘下绝缘手套,工作负责人应立即制止,规避安全风险。

工作班成员应对自己的安全负责,熟悉工作内容,熟悉工作流程,熟悉作业过程中的危险点及预防措施,严格遵守《配电安规》的相关要求,严格遵守劳动纪律,杜绝麻痹思想。工作班成员之间也要相互提醒,关心作业安全。当发现工作班成员的行为存在安全风险时,其他成员有义务进行必要的提醒,并向工作负责人报告,及时制止危险行为。

三、事故案例三:带电更换跌落式熔断器,电弧灼伤作业人员

1.案例过程

×年×月,××市供电公司带电班完成带电断中相跌落式熔断器作业,作业方法为绝缘斗臂车绝缘手套作业法。成员为钱××、孙××、陈××,钱××为工作负责人(兼监护人),孙××为斗内作业人员,陈××为地面电工。到达现场后,钱××联系好调度,经许可后,交代好作业内容,孙××穿好绝缘防护用具,进入绝缘斗内,升斗开始作业。孙××用绝缘隔板将两边相跌落式熔断器与中相隔离,对三相引线用引线遮蔽罩进行了遮蔽,但未对横担及电杆进行绝缘遮蔽。在更换完中相跌落式熔断器后,孙××手持带电的中相上引线,准备完成与中相跌落式熔断器上桩头的连接,因手臂发生晃动,引线离电杆太近发生放电,孙××面部被电弧灼伤。事后经调查,孙××前一天晚上与朋友饮酒过量,且休息太晚,精力不济导致作业时动作不稳定。

2.违反《配电安规》条款

作业人员孙××未对横担及电杆进行绝缘遮蔽,违反了《配电安规》

9.2.7 对作业中可能触及的其他带电体及无法满足安全距离的接地体(导线支承件、金属紧固件、横担、拉线等)应采取绝缘遮蔽措施。

9.2.8 作业区域带电体、绝缘子等应采取相间、相对地的绝缘隔离(遮蔽)措施。禁止同时接触两个非连通的带电体或同时接触带电体与接地体。

工作负责人未发现孙××的精神状态不良,违反了《配电安规》

3.3.12.2 工作负责人(监护人):

(6)关注工作班成员身体状况和精神状态是否出现异常迹象,人员变动是否合适。

作业人员孙××未及时向工作负责人报告自己的精神状态,违反了《配电安规》

3.3.12.5 工作班成员:

(2)服从工作负责人(监护人)、专责监护人的指挥,严格遵守本规程和劳动纪律,在确定的作业范围内工作,对自己在工作中的行为负责,互相关心工作安全。

3.案例分析

为了防止作业人员身体接触不同电位的物体,除了作业人员穿戴好绝缘防护用具之外,还要通过绝缘遮蔽用具将作业人员可能触及的范围全部遮蔽。利用导线遮蔽罩、引线遮蔽罩、横担遮蔽罩等可以很方便地对一些部件进行遮蔽,其他不容易遮蔽的部件可以用绝缘毯进行绝缘遮蔽。凡在作业过程中作业人员可能触及的带电体或接地体都应进行绝缘遮蔽,凡在作业过程中可以引起线路事故的范围也必须进行绝缘遮蔽。一些人存在侥幸心理,觉得自己动作小一些就可以避免危险,而在实际作业过程中,存在各种不确定因素,导致不可预期的危险发生。要用技术手段来规避风险,对可能触及的设备设施、可能造成事故的作业范围进行绝缘遮蔽或绝缘隔离,就是配网不停电作业保障安全的技术手段之一。

在开始作业前,工作负责人应认真检查作业人员的精神状态,发现状态不佳的人员应及时

进行更换,对于有生病、饮酒、生气、悲伤等情况的人员不应安排上斗或登高作业。每个人都会有身体或精神状态不佳的时候,作为一个班组的成员,需要了解其他成员的状态。人的精神状态会受到很多情况影响,与家人发生争吵,与路人发生口角,开车被别人加塞,丢失物品,过量饮酒,等等,且容易掩饰。作为工作负责人,要认真检查工作班成员的身体和精神状态,确保成员体力充沛,精神饱满。

工作班成员应对自己的安全负责,在作业前,将自己的特殊情况及时报告给工作负责人,自动规避高强度作业。人精神状态不佳时会直接影响动作的规范性,意识的清醒程度。当人的精神状态不佳时,意识容易出现混乱,身体的动作也将出现不可控的情况,此时工作班成员应自动提出申请,不要从事高危险的作业。

四、小结

1.配电线路三相导线之间距离小,导线与横担、电杆等地电位物体之间距离也小,配电设备布置也比较密集。带电作业人员在作业过程中很容易同时接触到不同电位的物体,如果采用等电位作业方式,作业人员穿屏蔽服,很容易串入电路发生危险。高压配电线路不得进行等电位作业。

2.带电作业过程中,如果线路停电,因线路可能随时来电或存在感应电,应视线路带电。工作负责人应尽快与调度控制中心或设备运维管理单位联系,告知线路已经停电的情况,并询问是什么原因造成的停电,判断是否会对作业人员产生威胁。因线路合闸过程中会产生过电压,为避免合闸的过电压对作业人员产生人身伤害,值班调控人员或运维人员未与工作负责人取得联系前不得强送电。

3.带电作业过程中,相关设备发生故障,此时存在设备故障扩大化的情况,可能会对作业人员的人身造成伤害。当工作负责人发现或获知相关设备发生故障时,应立即停止工作,撤离人员,以防止作业人员受到伤害,并立即与值班调控人员或运维人员取得联系,调查设备故障原因。

4.中性点非有效接地的配电系统,当发生相间故障时,因保护作用,线路跳闸后进行重合闸,在重合闸的过程中会产生过电压。在带电作业过程中,如果发生重合闸,作业人员可能会受到重合闸过电压的伤害。对于在作业过程中可能引起跳闸的作业项目,应停电重合闸,防止线路跳闸后在重合闸过程中产生过电压,对作业人员带来伤害。

5.带电作业过程中,为防止发生人身触电伤害,作业人员应穿戴完备的绝缘防护用具,保证作业人员与带电设备之间的绝缘;对作业范围内可能触及的带电体或接地体,应采取绝缘遮蔽措施,或设置绝缘隔离,杜绝人体串入不同电位物体的情况。绝缘防护用具和绝缘遮蔽用具构成了双重保护,即使其中一重保护因某种原因失效,还有另一重保护对作业人员进行防护。

6.使用绝缘工具时,作业人员应手持握手部件,保障绝缘工具的有效绝缘长度满足要求。绝缘杆及绝缘绳索类绝缘工具,其表面会有泄漏电流,当绝缘工具表面清洁、干燥时,绝缘电阻大,泄漏电流极小,不会对作业人员构成安全风险。当绝缘工具表面脏污,且受潮之后,绝缘电阻将变小,泄漏电流增大,增加作业人员受电击伤害的风险。绝缘工具在使用前应仔细检查、清洁。

7.更换绝缘子、移动或开断导线的作业,导线会失去固定支撑,有可能造成导线脱落,容易引发单相接地或相间接地故障,严重时会引发人身伤亡事故,在进行此类作业时,应采取防止导线脱落的后备保护措施。

8.导线断开后,两个断头的电位不同,如果两相导线同时开断,会出现四个断头,在狭小的空间里,作业人员容易同时接触不同断头,造成触电伤害。开断导线时不得两相及以上同时进行,开断后应及时将开断的导线端部进行绝缘遮蔽,防止作业人员串入不同电位物体之间。

9.3 带电断、接引线

一、事故案例一:带负荷拉跌落熔断器,发生弧光接地

1.案例过程

×年×月,××县供电公司带电作业班完成10kV带电更换架空线路上的跌落式熔断器的检修工作,作业方法为绝缘杆作业法。作业人员为赵××、朱××、李××、田××、孙××,赵××为工作负责人,朱××、李××、田××、孙××为工作班成员。工作前,工作负责人赵××因要去公司开会,临时指定朱××为现场负责人,带领李××、田××、孙××前往工作现场进行作业。调度许可手续由不在现场的赵××联系办理。15时,朱××带领工作班成员到达现场,朱××首先通过电话与用户联系,要求用户将用户侧的跌落式熔断器断开。之后,朱

××又联系赵××,询问工作票许可办理情况。赵××回复说已经联系好调度,可以开始作业。这时,用户来电话反馈说用户侧的跌落式熔断器已经断开。朱××命令李××上杆作业。李××用绝缘操作杆拉开 A 相跌落式熔断器时,瞬间发生弧光接地。其后朱××到用户侧查看,发现用户侧跌落式熔断器没有断开。

2. 违反《配电安规》条款

朱××未查看用户侧跌落式熔断器是否断开就指挥成员开始作业,违反了《配电安规》

9.3.3　带电断、接空载线路时,应确认后端所有断路器(开关)、隔离开关(刀闸)已断开,变压器、电压互感器已退出运行。

朱××未检查确认用户设备的运行状态,违反了《配电安规》

3.4.8　在用户设备上工作,许可工作前,工作负责人应检查确认用户设备的运行状态、安全措施符合作业的安全要求。作业前检查多电源和有自备电源的用户是否已采取机械或电气联锁等防反送电的强制性技术措施。

赵××未到现场,临时指定朱××为现场负责人,违反了《配电安规》

3.5.5　工作期间,工作负责人若需暂时离开工作现场,应指定能胜任的人员临时代替,离开前应将工作现场交待清楚,并告知全体工作班成员。原工作负责人返回工作现场时,也应履行同样的交代手续。工作负责人若需长时间离开工作现场,应由原工作票签发人变更工作负责人,履行变更手续,并告知全体工作班成员及所有工作许可人。原、现工作负责人应履行必要的交接手续,并在工作票上签名确认。

3. 案例分析

在线路后端的断路器和隔离开关未全部断开的情况下,进行带电断、接空载线路,会造成断、接负荷电流,产生电弧、引发事故。带电断、接空载线路时,后端如果有未退出运行的变压器、电压互感器等,因其存在充电电流,会产生电弧,引发事故。因此,在带电断、接空载线路时,应确认后端所有断路器、隔离开关确已断开,变压器、电压互感器确已退出运行。

当工作点涉及后端用户时,工作负责人应检查确认用户设备的运行状态,应到用户侧实地查看设备状态,确保现场的安全措施符合作业的安全要求。

工作期间,工作负责人若因其他因素需长时间离开工作现场,应由原工作票签发人变更工作负责人,履行变更手续,并告知全体工作班成员及所有工作许可人。现场勘察由工作负责人进行,工作负责人对现场的环境最了解,对工作流程最为了解,对工作中的危险点和预防措施能熟练掌握,一般情况下不应轻易更换工作负责人。变更的工作负责人应有过硬的技术水平,有很强的责任心,能胜任工作负责人的职责。原、现工作负责人应履行必要的交接手续,并在工作票上签名确认。在工作期间,如果工作负责人需要暂时离开工作现场,应指定能胜任的人员临时代替,并在离开前将工作任务的情况交代清楚,并告知全体工作班成员。

二、小结

1. 带负荷断、接引线时,较大的负荷电流会产生电弧,甚至引起短路,易发生人身事故,因此不能带负荷断、接引线。

2.带电断、接引线时,对于可能产生充电电流、电容电流的情况,应提前做好预防。带电断、接空载线路时,应确认后端所有断路器、刀闸确已断开,变压器、电压互感器确已退出运行。

3.断、接引线时,如果引线过长,可能摆动触及周围的带电体或接地体,造成单相接地、相间短路,并可能导致人身触电,引线应用绝缘绳或绝缘锁杆固定,并与不同电位物体与接地体保持足够的安全距离。

4.引线未接通时,导线与未接通的引线之间是不同电位;断引线时,导线和已经断开的引线是不同电位。作业人员如果同时接触处于不同电位的导线和引线,会被串入电路,造成触电伤害。接通一相引线后,在另两相引线上会有感应电;当引线被断开后,断开的引线上会有感应电。为防止感应电伤人,应采取防感应电措施后方可触及。

5.电缆线路中会产生电容电流,断、接电缆线路时,容易产生电弧,对作业人员造成伤害,应根据情况采用必要的消弧措施。

9.4　带电短接设备

一、事故案例一:旁路系统相位错误,导致线路停电

1.案例过程

×年×月×日,××市供电公司带电作业班完成带负荷更换 10kV 架空线路柱上开关工作,作业方法为旁路电缆作业法。成员为赵××、吴××、王××、曹××、许××、陈××等 9人,赵××为工作负责人,吴××和王××等四人完成旁路柔性电缆及旁路负荷开关的布置、检测和连接作业;曹××、许××等四人完成架空线路的绝缘遮蔽和开关更换作业。吴××和王××负责一侧的旁路电缆敷设作业,吴××因身体不适精神状态不佳,将 B 相、C 相电缆交叉在了一起,敷设过程将结束时,吴××肚子疼,未将旁路电缆完全理顺便去厕所方便,其中 B相、C 相端头位置错误。王××一人完成一侧电缆敷设,为了加快速度,未完成电缆整理工作,B 相、C 相电缆交叉在一起,也未发现 B 相、C 相电缆端头位置放置错误。工作负责人赵××发现电缆混乱,提醒王××注意不要弄错相序,王××回答说没问题。斗内电工完成了旁路系统的接入后,工作负责人赵××命令王××核对相位,王××粗略看了一下,便汇报说相位无误。工作负责人赵××命令陈××合上旁路负荷开关,因电源侧与负荷侧相位不正确,导致线路停电,所幸没有造成人员伤亡事故。

2.违反《配电安规》条款

王××未按要求认真核对相位,违反了《配电安规》

9.4.1　用绝缘分流线或旁路电缆短接设备时,短接前应核对相位,载流设备应处于正常通流或合闸位置。断路器(开关)应取下跳闸回路熔断器,锁死跳闸机构。

工作负责人赵××未对吴××出现的特殊情况进行合理安排,未对王××的工作进行有

效监督,违反了《配电安规》

3.3.12.2 工作负责人(监护人):(1)正确组织工作。(5)监督工作班成员遵守本规程、正确使用劳动防护用品和安全工器具以及执行现场安全措施。(6)关注工作班成员身体状况和精神状态是否出现异常迹象,人员变动是否合适。

王××未按要求进行相位核对,违反了《配电安规》

3.3.12.5 工作班成员:

(1)熟悉工作内容、工作流程,掌握安全措施,明确工作中的危险点,并在工作票上履行交底签名确认手续。

(2)服从工作负责人(监护人)、专责监护人的指挥,严格遵守本规程和劳动纪律,在确定的作业范围内工作,对自己在工作中的行为负责,互相关心工作安全。

(3)正确使用施工机具、安全工器具和劳动防护用品。

3.案例分析

用绝缘分流线或旁路电缆短接设备时,短接之后,旁路电流从旁路系统中流过,如果旁路系统的相位错误,将会造成电源侧与负荷侧相位不正确,导致线路停电。因此,在旁路系统投入前,应认真核对旁路系统的相位。短接柱上开关前,开关应处于合闸位置,否则,如果开关处于分闸状态进行短接,相当于短接带负荷的线路,短接时将产生强烈的电弧而危及人身安全。

作为工作负责人,应及时观察作业班成员的精神面貌,及时发现精神状态不佳的成员,及时调整作业人员的工作。工作负责人应及时督促工作班成员按正确的工作流程作业,正确使用劳动防护用品和安全工器具,正确执行现场安全措施,发现可能危及安全的情况应及时制止,并提出可行的整改措施。

工作班成员应熟悉工作内容、工作流程,掌握安全措施,明确工作中的危险点,对自己的工作认真负责,对可能引起事故的细节应耐心检查,做到眼到、手到、心到,按流程作业,按要求完成。工作班成员之间也应相互关心,共同完成好作业项目。

二、小结

1.带电短接断路器时,如果开关处于分闸状态,相当于短接带负荷的线路,短接时将产生强烈的电弧,从而危及人身安全。用绝缘分流线或旁路电缆短接设备时,短接前应核对相位,载流设备应处于正常通流或合闸位置。

2.短接开关时,开关有可能突然分闸,在作业点的断开点处会加上相电压,可能会产生强烈的电弧从而产生人身安全隐患。断路器(开关)应取下跳闸回路熔断器,锁死跳闸机构。

3.分流线的截面积和线夹的载流容量应满足线路最大负荷电流的要求,作业前,应先用钳形电流表测量电流,确认绝缘引流线通流量满足实际电流要求。

4.绝缘分流线或旁路电缆两端连接完成后,应及时对连接处进行绝缘遮蔽,并使用钳形电流表测量绝缘分流线或旁路电缆中的电流,确认已经完成分流工作。

9.5 高压电缆旁路作业

一、事故案例一:旁路电缆未做绝缘检测,引起线路接地

1. 案例过程

×年×月×日,××市供电公司带电作业班完成 10kV 电缆线路的检修工作,作业方法为旁路作业法。作业人员为王××、游××、李××、钱××等,王××为工作负责人(兼监护人),游××、李××、钱××负责敷设高压柔性电缆,敷设完毕后对旁路系统进行绝缘性能检测,其他工作由别的成员完成。在工作负责人交代好工作任务后,大家开始作业。因近十天来工作多,游××、李××、钱××三人没有得到太好的休息,体力消耗大,完成电缆敷设后已经很疲惫。游××说:"最近做过好几次旁路作业,电缆和开关一直在用,应该没有问题,咱们就别做绝缘检测了,省点力气,休息一下。"李××、钱××同意了,三人未对旁路系统进行绝缘检测,直接向工作负责人王××汇报旁路电缆系统绝缘性能良好,可以使用。工作负责人王××向运维人员许可后,下令完成旁路系统接入工作。当倒闸操作人员合上环网柜内备用间隔开关后,工作负责人王××接到运维人员电话,说该线路有接地故障。王××随后命令操作人员将隔离开关分开,结果运维人员反馈说接地信号消失。工作负责人王××安排作业人员对旁路电缆系统进行绝缘检测,发现在旁路电缆连接器处,A 相柔性电缆终端破损,导致合上开关后在该处对地放电,引起了线路接地故障。

2. 违反《配电安规》条款

完成电缆敷设后,未对旁路系统进行绝缘检测,违反了《配电安规》

9.5.5 旁路电缆使用前应进行试验,试验后应充分放电。

作业前,未对旁路电缆进行仔细检查,违反了《配电安规》

9.8.2.5 禁止使用有损坏、受潮、变形或失灵的带电作业装备、工具。操作绝缘工具时应戴清洁、干燥的手套。

工作班成员责任心不足,未正确使用设备,违反了《配电安规》

3.3.12.5 工作班成员:

(1)熟悉工作内容、工作流程,掌握安全措施,明确工作中的危险点,并在工作票上履行交底签名确认手续。

(2)服从工作负责人(监护人)、专责监护人的指挥,严格遵守本规程和劳动纪律,在确定的作业范围内工作,对自己在工作中的行为负责,互相关心工作安全。

(3)正确使用施工机具、安全工器具和劳动防护用品。

3. 案例分析

旁路电缆和旁路开关在使用前应进行检测,包括导通测试、相地绝缘检测、相间绝缘检测,确认旁路电缆、旁路开关、连接器等设备设施完好,绝缘无损坏。如果旁路电缆绝缘损坏,易发生接地故障。旁路系统是否正常导通，将直接影响到线路的正常运行，使用旁路系统的目的是减少用户的停电，提高供电服务水平，增加售电量，是供电企业和用户双赢的事情。如果因旁路系统的问题导致线路发生故障，会造成供电企业和用户的双重损失。旁路电缆使用前应进行试验，试验后应充分放电。旁路电缆和普通电缆一样，也有屏蔽层，在进行试验的过程中，电缆中会有电荷积累，试验完成后应用放电棒充分放电，防止旁路电缆中的积累电荷电击伤人。

　　旁路电缆、连接器在使用过程中存在损坏的可能性，每次使用前都要进行仔细的外观检查，确认良好后才可使用。带电作业装备、工具使用前，作业人员应戴清洁、干燥的手套，仔细检查工具是否有损坏、受潮、变形、失灵等情况，确认没有问题才能投入使用。旁路电缆比较长，全面检查比较困难，电缆端头应重点检查。

　　工作班成员对工作任务应有全面的了解，熟悉工作内容、工作流程，在班前会上，应认真听取工作负责人交代的工作任务，对于自己需要做的工作完全掌握，对于作业过程中的危险点及预防措施应固化于心。工作班成员应服从工作负责人、专责监护人的指挥，在作业过程中，严格遵守《配电安规》和其他安全要求，对自己的行为负责，严格按作业流程的要求完成工作，相互之间应关心工作安全，相互督促，保证人身及设备设施安全。如果工作班成员不按工作流程要求作业，易产生事故隐患，引发生产安全事故。

二、小结

　　1.利用旁路电缆进行旁路作业时，因电缆的屏蔽层会产生感应电，如果感应电的电压过高，则可能危及人身安全，因此，旁路电缆屏蔽层应在两终端处引出并可靠接地。

　　2.旁路电缆在接入时会产生电容电流，使作业人员存在触电风险，采用旁路作业方式进行电缆线路不停电作业前，应先检查确认电缆接入两侧备用间隔的断路器及旁路断路器均在断开状态。

　　3.若旁路电缆发生绝缘损伤，在旁路系统投入运行后，可能会造成接地故障。旁路电缆在使用前应进行绝缘试验，试验结束后应将电缆中储存的电能释放掉。

9.6　带电立、撤杆

一、案例一：使用严重磨损的绝缘绳做拉绳，电杆倾倒

1.案例过程

　　×年×月×日，某市供电公司带电作业班完成带电更换10kV架空线路直线电杆作业（电杆因受到外力破坏产生许多纵向裂纹，需更换），作业方法为绝缘斗臂车绝缘手套作业法。作业人员为周××、武××、郑××、田××等，周××为工作负责人（兼监护人），其他人为作业班成员。工作负责人周××完成分工任务后，斗内作业人员对导线、电杆等进行了绝缘遮蔽，并在电杆上安装了绝缘绳作为拉绳，在横线路方向安排人员控制拉绳，防止倒杆。电杆被吊车拔出后，由于采用单点起吊，且吊点设置不合适，电杆开始倾斜，控制拉绳人员努力控制电杆，

但拉绳突然断开,电杆倒向一侧,挂断了这一侧的导线,导致该线路跳闸停电。因作业人员都没有在电杆倾倒一侧,没有人员伤亡。事后经检查,在前往作业现场的路上,作为拉绳的绝缘绳与金属横担等其他材料混放在一起,有一处严重磨损,机械强度不足,使用过程中断开。

2. 违反《配电安规》条款

在作业过程中使用严重磨损的绝缘绳做拉绳,违反了《配电安规》

9.6.4 立、撤杆时,应使用足够强度的绝缘绳索作拉绳,控制电杆的起立方向。

在作业前,未仔细检查绝缘绳,违反了《配电安规》

9.8.2.5 带电作业装备、工具使用前,应仔细检查确认没有损坏、受潮、变形、失灵,否则禁止使用。操作绝缘工具时应戴清洁、干燥的手套。

绝缘绳与金属横担混放在一起,违反了《配电安规》

9.8.2.3 带电作业工具在运输过程中,带电绝缘工具应装在专用工具袋、工具箱或专用工具车内,以防受潮和损伤。发现绝缘工具受潮或表面损伤、脏污时,应及时处理并经试验或检测合格后方可使用。

3. 案例分析

在立、撤杆过程中,采用单点起吊,电杆被吊起后,在移动过程中易发生电杆倾斜或倾倒,引发安全事故。为了控制电杆的运动轨迹,需要在电杆两侧设置拉绳,控制电杆的方向,保证电杆的稳定。作为拉绳的绝缘绳应满足机械强度的要求,直径应进行强度校验,同时,绝缘绳应完好无损,损坏的绝缘绳易引发安全事故。绝缘绳应设置在电杆适当位置,指定专人控制拉绳。

绝缘工具在从库房取出后应做好检查,在使用前要再次进行检查,确认没有损坏、受潮、变形、失灵等情况,否则禁止使用。绝缘绳索在使用前,作业人员应检查其是否完好,绝缘绳索比较长,需要展开仔细检查,检查时应戴清洁、干燥的手套,避免绝缘绳脏污或磨损,磨损严重的绳索应禁止使用。

在运输过程中,如果将绝缘工具与金属材料、工具混放在一起,可能会造成绝缘工具的磨损、割伤,造成绝缘工具机械性能的下降。同时,绝缘工具和其他工具、材料混放在一起,也会造成绝缘工具表面脏污,造成绝缘工具的绝缘性能下降。绝缘工具暴露在空气中,会引起绝缘工具表面受潮,也会引起绝缘工具的绝缘性能下降,在使用过程中绝缘工具表面的泄露电流增大,易引发安全事故。带电作业工具在运输过程中,带电绝缘工具应装在专用工具袋、工具箱或专用工具车内,以防受潮和损伤。

二、小结

1. 带电立、撤杆作业过程中,会对作业点两侧的电杆、导线及其他设施造成很大应力,若这些电杆、导线、设施牢固性不足,可能引发电杆倾倒、导线落地、设施损坏等情况,对作业人员、线路的运行造成危害。在作业前,应对作业点两侧的设备设施牢固程度进行全面检查,存在问题的要进行补强处理。

2.带电立、撤杆作业过程中,电杆上会产生感应电,可能会对在杆根处的作业人员造成伤害,因此,杆根作业人员应穿绝缘靴、戴绝缘手套,起重设备操作人员应穿绝缘靴。

3.带电立、撤杆作业过程中,为防止电杆出现倾倒情况,需要在电杆两侧设置拉绳,由地面作业人员控制拉绳,从而控制电杆的运行轨迹。拉绳应使用有足够强度的绝缘绳索,使用前应对绝缘绳进行认真检查,防止泄漏电流伤人。

9.7　使用绝缘斗臂车的作业

一、事故案例一:绝缘斗臂车倾覆,作业人员高空坠落

1.案例过程

×年×月,××市供电公司带电作业班完成带电清除边相导线上异物的作业,异物为缠绕在导线上的一块防尘网,作业方法为绝缘斗臂车绝缘杆作业法。成员为刘××、田××、赵××,刘××为工作负责人(兼监护人),田××和赵××为斗内作业人员。到达现场后,刘××交代完作业任务,便到一旁去打电话。田××和赵××二人平时爱在一起说笑,一边说着,一边工作,很快支好车腿,做了简单的空斗试操作。田××和赵××二人穿戴好绝缘防护用具,进入斗内升斗准备作业。二人未注意到绝缘斗臂车的一个支腿支在了污水井盖上(该井盖为水泥板制作,颜色和地砖颜色接近),且该支腿在作业点一侧。当绝缘斗升起后,绝缘斗转向支在井盖上的支腿一侧,绝缘斗将要到达作业位置时,井盖因受力过大被压碎,绝缘斗臂车发生倾覆,田××和赵××从高空随斗一起坠落地面,经抢救无效死亡。

2.违反《配电安规》条款

工作班成员将绝缘斗臂车的一个支腿支在了污水井盖上,违反了《配电安规》

9.7.5　绝缘斗臂车应选择适当的工作位置,支撑应稳固可靠;机身倾斜度不得超过制造厂的规定,必要时应有防倾覆措施。

工作负责人刘××交代完作业任务,便到一旁去打电话,违反了《配电安规》

3.5.5　工作期间,工作负责人若需暂时离开工作现场,应指定能胜任的人员临时代替,离开前应将工作现场交代清楚,并告知全体工作班成员。原工作负责人返回工作现场时,也应履行同样的交接手续。

工作负责人勘察现场不仔细,未发现支腿处的安全隐患,违反了《配电安规》

9.1.6　带电作业项目,应勘察配电线路、设备是否符合带电作业条件、同杆(塔)架设线路及其方位和电气间距、作业现场条件和环境及其他影响作业的危险点。并根据勘察结果确定带电作业方法和所需工具以及应采取的措施。

3.案例分析

使用绝缘斗臂车进行带电作业时,绝缘斗臂车升斗之后将出现严重的偏重情况,保证车身稳定是保障配网不停电作业安全的基本条件之一。城市中有很多井盖,包括污水井盖、雨水井

盖、通信光缆井盖、高压电缆井盖、自来水井盖、暖气井盖等,井盖大多采用铸铁或水泥材质,抗压性能不强,不能承受汽车的重量。如果绝缘斗臂车的支腿支在井盖上,当绝缘斗升空后,重量压在井盖上,井盖会被压碎,造成绝缘斗臂车倾覆,对作业人员造成严重的伤害。在绝缘斗臂车支车前,应认真查看周围的环境,注意观察有没有井盖、地面下陷、土地松软等情况,避免将支腿支在不安全的地点,引发安全事故。遇到地面松软,应在支腿下方放置垫块或枕木。遇到坡地时,停放处坡度不应大于7°,车头应朝向下坡方向。

工作负责人兼监护人时,在作业过程中应全程在现场监护工作班成员作业,及时发现作业过程中的危险,制止工作班成员的危险行为。一些人可能会有一些个人习惯,如吸烟、玩手机游戏、聊天等。这些习惯可在工作之余进行,在工作中要杜绝。作业过程中,工作负责人应全程指挥作业,监护作业安全。如果工作负责人需暂时离开工作现场,应指定能胜任的作业人员临时担任工作负责人,离开前应将工作现场交代清楚,并告知全体工作班成员。原工作负责人返回工作现场时,也应履行同样的交接手续。

配网不停电作业工作开始前,工作负责人应进行现场勘察,考察现场设备设施、线路架构、作业环境,确定作业项目是否符合作业条件。对于使用绝缘斗臂车的作业项目,对作业点周围环境的查看是保障作业安全的一项重要内容。斗臂车的支车位置选择,一方面应有利于作业过程中作业人员操作的实施,另一方面应不危及周围行人及设备设施的安全,再有应不危及车辆和作业人员自身的安全。对于斗臂车停放位置周围的地形、地貌应全面查看,及时发现危险因素。

二、事故案例二:绝缘斗臂车故障,作业人员滞留空中

1.案例过程

×年×月×日,××县供电公司带电作业班完成10kV架空线路带电接引作业(分支线路接引,分支线路三相熔断器断开状态),作业方法为绝缘斗臂车绝缘手套作业法。作业人员为肖××、张××、高××、何××,肖××为工作负责人(兼监护人),其他人为工作班成员。当时正值冬季,天气寒冷,工作班成员都希望能快速完成作业。到达现场后,肖××宣读工作票,布置好工作任务,支好绝缘斗臂车。张××说:"绝缘斗臂车昨天刚用过,肯定没问题,不用试了,直接升斗干活吧。"工作负责人肖××没有表示异议。张××和高××穿戴好绝缘防护用具升斗开始作业,绝缘臂升起、回转时没有问题,绝缘臂下降时却操作失灵,绝缘斗无法下降,导致作业人员滞留空中。事后经过查检发现,绝缘斗臂车操作系统的线路出现了虚接,导致操作失灵。

2.违反《配电安规》条款

作业人员在作业前未进行绝缘斗臂车空斗试操作,违反了《配电安规》

9.7.6 绝缘斗臂车使用前应在预定位置空斗试操作一次,确认液压传动、回转、升降、伸缩系统工作正常、操作灵活,制动装置可靠。

工作负责人未及时制止工作班成员未进行空斗试验的错误行为,违反了《配电安规》

3.3.12.2 工作负责人（监护人）：

(1)正确组织工作。

(2)检查工作票所列安全措施是否正确完备，是否符合现场实际条件，必要时予以补充完善。

(3)监督工作班成员遵守本规程、正确使用劳动防护用品和安全工器具以及执行现场安全措施。

张××未对绝缘斗臂车进行空斗试操作，其他作业人员也未提出异议，违反了《配电安规》

3.3.12.5 工作班成员：

(1)熟悉工作内容、工作流程，掌握安全措施，明确工作中的危险点，并在工作票上履行交底签名确认手续。

(2)服从工作负责人（监护人）、专责监护人的指挥，严格遵守本规程和劳动纪律，在确定的作业范围内工作，对自己在工作中的行为负责，互相关心工作安全。

(3)正确使用施工机具、安全工器具和劳动防护用品。

3. 案例分析

绝缘斗臂车升斗后作业高度往往达到10m左右，如果绝缘斗臂车出现电气或机械故障，可能会导致作业人员滞留空中、绝缘斗或绝缘臂与设备设施碰撞等情况，危及人员及设备安全。为了保证绝缘斗臂车性能良好，保障带电作业能顺利安全进行，在使用绝缘斗臂车前，应对绝缘斗臂车进行空斗试验，对传动、升降、回转、伸缩系统进行全面认真检查，确认操作机构灵活、制动可靠。在确认系统能正常运行，工况良好后，作业人员才能进斗开始作业。

工作负责人是工作的组织者，是工作票的填写者，对于作业流程应该熟练掌握，对于设备、车辆的使用应该全面掌握，对可能造成的安全风险应该有正确的预测。在填写工作票时，应该将安全措施全部写入，在现场工作时，应该按照工作票中所列安全措施逐相落实。到达现场后，工作负责人应该组织复勘，检查工作票中所列的安全措施是否正确、完备，确认安全措施是否符合现场的实际工作条件，必要时应补充必要的安全措施。工作负责人应监督工作班成员是否遵守《配电安规》的相关要求，是否正确使用劳动防护用具和安全工器具，是否严格执行工作票中要求的安全措施。当发现工作班成员有违反规程或安全要求时，工作负责人应及时制止并加以纠正。

工作班成员应该对参加的作业项目熟练掌握，对工作流程应该全部掌握，对工作中所使用的工器具、车辆的使用方法、性能特点有全面的了解。为保障作业过程的安全进行，在作业前应该对所用的工器具、车辆进行全面检查，检查工器具是否完好，绝缘性能是否良好，检查车辆性能是否符合要求，检查无误后才能开始使用。这样才能保证在作业过程中，所用工器具、车辆完好无损，减少安全隐患。工作班成员之间应该相互关心工作安全，相互提醒需要完成的作业项目，对自己的安全负责，杜绝麻痹大意思想。

三、小结

1.使用绝缘斗臂车时，应注意绝缘臂的有效绝缘长度，尤其是伸缩臂的绝缘斗臂车，要保证伸出的长度满足安全要求。

2. 绝缘斗臂车本身重量大,绝缘斗升起后,又会形成较大的单侧压力,因此,绝缘斗臂车在支车时一定要选择合适的位置,支腿的位置一定要牢固可靠。同时,绝缘斗臂车的停放位置应能方便作业,使绝缘斗能顺利到达工作位置。绝缘斗升起后,作业人员处于高空,如果车辆发生故障,会对作业人员的人身安全产生极大危险,故在使用前,应对绝缘斗臂车进行空斗试验一次,确认液压传动、回转、升降、伸缩系统工作正常、操作灵活,制动装置可靠。

3. 作业过程中,绝缘斗臂车绝缘臂的金属部分应与带电体保持足够的安全距离,防止车体带电危及地面作业人员。绝缘斗臂车的金属部分在仰起、回转运动中,与带电体的安全距离不得小于 0.9m(10kV)、1.0m(20kV)。

4. 为防止绝缘斗臂车金属部分接近或接触带电体而导致车体带电,从而对地面作业人员造成触电伤害,绝缘斗臂车的车体应使用不小于 $16mm^2$ 的软铜线良好接地。

9.8 带电作业工器具的保管、使用和试验

一、事故案例一:使用损坏的工具,造成相间短路

1. 案例过程

×年×月×日,××市供电公司带电班完成带电断三相跌落式熔断器上引线作业,导线排列方式为三角式,作业方法为绝缘杆作业法。成员为张××、李××、赵××、钱××,张××为工作负责人,李××和赵××为杆上作业人员,李××为主要操作人员,赵××为辅助操作人员,钱××为地面电工。断引线前,才发现因出发前未认真检查工具,所带绝缘锁杆螺扣出现问题,无法正常使用,不能锁紧引线。在断引的过程中,难以用绝缘锁杆完成引线的固定。完成断中相引线时,作业人员赵××用绝缘锁杆勾住引线,李××剪断引线,因引线过长,难以控制,赵××未能控制住引线,引线从绝缘锁杆前端开口处脱落,下落时与边相导线相碰,引起短路,保护跳闸。由于赵××所持绝缘杆为 2.5m 绝缘锁杆,身体距离引线较远,未造成身体伤害。

2. 违反《配电安规》条款

在作业过程中,使用损坏的绝缘锁杆,违反了《配电安规》

9.8.2.1 带电作业工具应绝缘良好、连接牢固、转动灵活,并按厂家使用说明书、现场操作规程正确使用。

出库时未认真检查工具,将损坏的绝缘锁杆带到了现场,违反了《配电安规》

9.8.2.5 禁止使用有损坏、受潮、变形或失灵的带电作业装备、工具。操作绝缘工具时应戴清洁、干燥的手套。

断引线时,未对引线采取防止摆动措施,违反了《配电安规》

9.3.4 带电断、接空载线路所接引线长度应适当,与周围接地构件、不同相带电体应有足

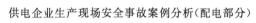

够安全距离,连接应牢固可靠。断、接时应有防止引线摆动的措施。

3.案例分析

配网不停电作业工具种类多、型号多,为保障作业过程中的人员安全和设备设施安全,应按生产厂家的说明书正确使用。已经损坏的工具应单独存放,避免拿错。带电作业工具在入库前应检查是否良好,及时发现使用过程中已经损坏,出现绝缘不良、转运不灵活、表面有裂纹等情况的工具,这些工具不能再进入带电作业库房,应该另寻地点安置。出库时也应做必要的检查,防止将损坏的工具带到作业现场使用。

配电线路带电作业所用的工具种类多,数量多,混放在一起容易造成相互碰撞。在运输途中,应将工具放在专用的工具箱或工具袋内,防止工具受损。在使用前,应仔细检查绝缘工具绝缘是否良好,工具各部位是否有损坏,严禁使用已经损坏的绝缘工具。检查、操作绝缘工具时应戴清洁、干燥的手套,防止绝缘工具在使用过程中脏污和受潮,从而引起绝缘性能下降。

断、接引线时,因引线长度很长,如果不能有效控制引线,引线摆动半径过大可能会造成相间短路、引线接地、人身触电事故。在断、接引线的作业过程中,应用绝缘锁杆、绝缘夹钳等工具将引线锁住,防止引线摆动。如果引线过长,则引线与邻近的接地体、其他相的带电体之间的安全距离容易不足,可能引发短路事故,或产生电弧危及人身安全。带电断、接空载线路所接引线长度应适当。

二、小结

1.绝缘工具表面会积累灰尘,当表面受潮后,灰尘中的盐分融解于水会形成电导液,使绝缘工具表面的绝缘强度降低,在接触带电体后会产生较大的泄漏电流,当泄漏电流流经作业人员的身体时,会形成安全隐患。

2.带电作业工具应存在通风良好、清洁干燥、温湿度符合要求的带电作业库房内,防止绝缘工具因绝缘老化造成绝缘强度降低产生安全隐患。在运输过程中,带电绝缘工具应装在专用工具袋、工具箱或专用工具车内,以防受潮和损伤。带电绝缘工具在使用前,应放置在防潮帆布或绝缘垫上,防止脏污,并进行认真检查。

3.带电作业用绝缘工具应按要求定期进行试验,检测其电气性能和机械性能是否良好,检测不合格的工具应及时淘汰处理。不合格的工具应单独放置,与合格工具区别开,防止出库时拿错。

4.绝缘工具在使用前应认真检查,发现有损坏、受潮、变形、失灵的带电作业装备、工具应禁止使用。作业人员应用清洁的毛巾擦拭绝缘工具,保持工具表面洁净。

10 二次系统工作

10.1 一般要求

一、事故案例一:经验主义头脑轻,审批不严出事故

1. 案例过程

××供电公司 10kV 开闭所,原有单母线供电,后改为分段双进线,由于上级变电站负荷紧张,通知该开闭所为分段运行。开闭所保护装置配有备自投保护,备自投保护应退出运行。厂家技术人员在未查看图纸及核对定值情况下,误将备自投投入运行,在其中一条进线检修停电时,造成分段开关误合,致使上级变电站过负荷运行。

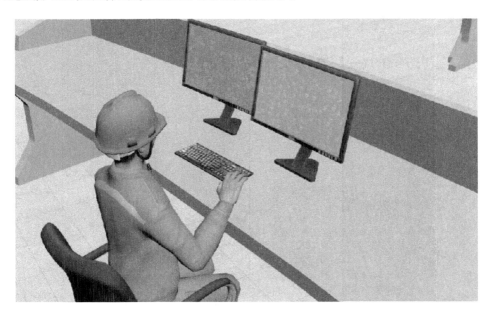

2. 违反《配电安规》条款

10.1.2 继电保护装置、配电自动化装置、安全自动装置和仪表、自动化监控系统的二次回路变动时,应及时更改图纸,并按审批后的图纸进行,工作前应隔离无用的接线,防止误拆或产生寄生回路。

3.案例分析

图实相符是二次回路工作的基本要求。二次回路改变连接或更换部分元器件,图纸未及时修改,档案图纸就和实际接线不能对应,时间周期一旦过长,不利于故障排查及事故抢修,甚至可能诱发保护不正确动作。因此,二次回路的变动要履行一定的审批流程,执行设备异动申请手续,保证图纸与实际接线相一致。没用的接线经核对后应及时拆除,防止产生寄生回路,造成设备投入运行后发生误动或拒动。

二、小结

1.当二次回路发生变动,如改变连接方式或部分元器件更换,如果图纸未能及时修改,则图纸和实际的接线就不能一一对应。运行时间一长,当初的检修人员记忆可能会丢失,忘记当初的变动,对于新接手工作的人员来讲,可能会按照图纸进行工作,将不利于故障查找。在事故抢修时,也可能会因为判断有误而诱发保护不正确动作。

2.当二次设备发生故障时,其箱体可能带电,作业人员触及箱体时也会造成触电伤害。因此,二次设备箱体应可靠接地且接地电阻应满足要求。

10.2 电流互感器和电压互感器

一、事故案例一:运行互感器二次开路,设备烧坏

1.案例过程

×年×月,××学校变压器 A 相电流表不指示,维保人员郭×、台区经理祝×办理工作票

后到现场进行处理。到达现场后,由于学校正在上课,不宜停电,随即进行带电检查。现场用钳形电流表测量电流为450A,判定为电流表损坏。郭×认为电流互感器二次侧无电压,便在该台区带负荷情况进行电压表拆除工作,祝×在一旁进行监护。不一会儿听到配电柜中有异常响声并闻有严重焦糊气味,迅速停电后发现电流互感器烧毁。

2.违反《配电安规》条款

10.2.2　在带电的电流互感器二次回路上工作,应采取措施防止电流互感器二次侧开路。短路电流互感器二次绕组,应使用短路片或短路线,禁止用导线缠绕。

3.案例分析

正常运行时,电流互感器二次负载电阻很小,二次电流产生的磁通势对一次电流产生的磁通势起去磁作用,互感器铁芯中的励磁电流很小,二次绕组的感应电动势不超过100V。如果二次回路开路,一次电流产生的磁通势全部转换为励磁电流,引起铁芯内磁通密度增加,甚至饱和,会在二次绕组两端产生很高的电压(可达几千伏),损坏二次绕组的绝缘,威胁工作人员的人身安全。二次开路还会引起铁芯损耗增大,造成发热,严重时甚至会损坏一次绝缘。案例中郭×在进行电压表拆除后形成电流互感器二次开路,引起铁芯损耗增大,使其严重发热,导致互感器烧坏,所幸拆除过程中未对工作人员形成电击伤害。

二、小结

1.电流互感器和电压互感器的二次绕组有两个保护接地或多个保护接地时,由于在事故情况下接地网并不是完全的等电位,特别是系统发生接地故障或受雷击等其他大电流注入接地网事故时,将会有电流流经不同的接地点,影响电流互感器或电压互感器的测量精度,甚至造成保护不正确动作。电流互感器和电压互感器的二次绕组应有一点且仅有一点永久性的、可靠的保护接地。工作中,禁止将回路的永久接地点断开。

2.电流互感器正常运行时,其二次回路上的负载电阻很小,二次绕组的感应电动势最多只有几十伏,不会造成危险。如果二次回路开路,一次电流产生的磁通势全部转换为励磁电流,引起铁芯内磁通密度增加,会在二次绕组上产生很高的电压,可达几千伏,从而损坏二次绕组的绝缘,危及作业人员的人身安全。在带电的电流互感器二次回路上工作,应采取措施防止电流互感器二次侧开路。

3.电压互感器在正常运行时,相当于一个内阻极小的电压源,负载电阻极大,相当于开路状态,二次侧电流很小。电压互感器二次侧短路或接地时,会产生很大的短路电流,使熔丝熔断,失去电压,将影响有电压元件的二次装置误动或拒动,严重时还会烧坏电压互感器。在带电的电压互感器二次回路上工作,应采取措施防止短路或接地。

10.3　现场检修

一、事故案例一:未做绝缘隔离,施工人员触电

1.案例过程

××供电公司变电安装处在35kV某变电站10kV配电室增装一块新配电屏。当天的工作是连接新屏的合闸电源电缆,规定了带电部分先不接。两名施工人员进入现场,走到新屏旁边带电的545屏前时,正巡视到该处的值班员提醒他们:"这个屏带电",其中一人(即后来触电者)还答应了一声。值班员离开后,施工人员却拽开545屏的下网门,头部探入屏内(可能是想看看旧屏内电缆头的样子,以便使新旧屏保持一致),退出时后脑勺与B相套管下端放电,身体向后倒出屏外,经抢救无效死亡。

2.违反《配电安规》条款

10.3.2　在全部或部分带电的运行屏(柜)上工作,应将检修设备与运行设备以明显的标志隔开。

3.案例分析

巡视到该处的值班员已经告知施工人员545屏带电,施工人员未对带电屏和检修设备之间设置隔离装置,并违反规定查看带电屏的情况,导致触电。全屏柜停运时,相邻运行屏(柜)前、后均要做相应的隔离措施,提示标识和围栏、硬质遮栏等;部分带电的运行屏柜上工作时,屏柜前后带电设备(包括端子排、压板、切换开关等)应使用专制的界隔屏、板、架、尼龙膜护罩

等进行隔离。

二、小结

1.从外观看,二次设备之间的型号、相对位置等差别不大。在检修时,作业人员不容易区分运行设备与被检修设备,可能看错设备、走错间隔。因此,在二次系统检修工作开始前,应认真检查确认已做的安全措施是否符合要求、运行设备和检修设备之间的间隔是否完备,核对检修设备名称,严防将运行设备当成检修设备。

2.配电系统的有关保护装置、配电自动化装置、安全自动装置或自动化监控系统,属于调度控制中心管辖或许可,在工作中如果需要临时停用,应向调度控制中心申请,经值班调控人员或运维人员同意,方可执行。

10.4　整组试验

一、事故案例一:运行人员监视不到位,计量失压

1.案例过程

×年×月×日,××供电公司35kV变电站10kV更改定值工作中,运行人员对修试工作人员及厂家人员工作监视不到位,在进行整组试验工作需断开更改线路保护电压时,厂家工作人员在未通知运行人员的情况下,将PT计量开关断开,引起计量失压,造成电量损失。

2.违反《配电安规》条款

10.4.1　继电保护、配电自动化装置、安全自动装置及自动化监控系统做传动试验或一次通电或进行直流系统功能试验前,应通知运维人员和有关人员,并指派专人到现场监视后,方可进行。

3. 案例分析

整组传动试验或通过一次通电来验证二次侧回路和极性的正确性,这些试验(包括进行直流输电系统的功能试验)往往使断路器(开关)突然跳闸、合闸或者使设备带电,所以试验前应做好相关专业之间的协调联系,通知运维人员和有关人员停止在相关回路上的工作,确保试验过程中不会有人误接触被试验设备,并保持安全距离,避免对人员造成伤害。

二、小结

二次设备比较集中,大量设备的控制开关在一块控制屏上,部分设备需要检修时,还有部分设备正在运行。应有一定的控制措施防止检修人员在试验时误碰、误动运行设备。检修人员在控制盘上进行断、合检修断路器(开关)之前,应取得运维人员同意,并在需要操作的控制开关两侧的其他控制开关上做好防止误操作的措施。

11 高压试验与测量工作

11.1 一般要求

一、事故案例一：不具备安全条件独自做试验引发触电事故

1. 案例过程

××年×月×日早晨上班后，维修大队电工班班长王××安排高压试验电工姜××（高压试验组组长，男，43周岁）、张××、刘××为××石油化工总厂助剂厂做绝缘工具耐压试验。姜××指导并监护张××操作。下午14时20分，工作完毕，收拾好现场，张××将仪表装箱。后来，姜××发现缺少高压验电器，便打电话询问助剂厂高压验电器是怎么回事。当时电气工程师胡××（原××输油公司电气工程师，现已退休，被石油化工厂助剂厂聘用）不在，其同事刘××接的电话。随后，姜××同本班李××骑摩托车去林源炼油厂商店买自行车辐条，回来后开始修理自行车。15时30分，胡××到维修大队送高压验电器，一进大门看到门卫值班员刘××，叫刘××将验电器捎到电工班，正想离开时，车工张××经过门卫，胡××便让张将验

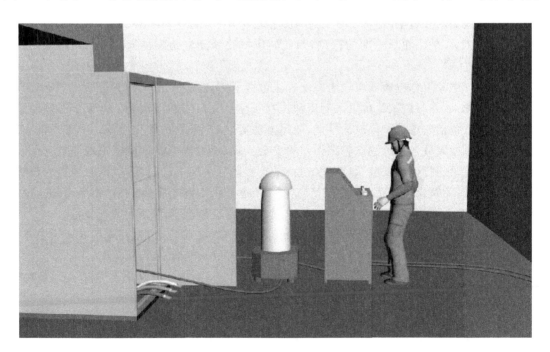

电器掮到电工班。姜××修完自行车后,一个人到维修间做高压验电器耐压试验(班里人都不知道),进行空载升压后,在无人监护的情况下,没有断开控制刀闸,便带电进行操作,造成触电,送医院抢救无效于当日 17 时死亡。

2.违反《配电安规》条款

11.1.1　高压试验不得少于两人,试验负责人应由有经验的人员担任。试验前,试验负责人应向全体试验人员交代工作中的安全注意事项,邻近间隔、线路设备的带电部位。

3.案例分析

(1)姜××未能严格执行电气高压试验的操作规程,严重违章操作,一个人作业,并且没有使用任何防护用具,是导致这起事故发生的主要原因。

(2)电工班长王××对班组的安全管理不严不细,安全教育不深入,劳动组织不严密,现场管理混乱,不具备高压试验条件,也是导致事故发生的原因之一。

(3)维修大队的领导对安全管理工作不到位,安全检查流于形式,问题整改不及时,是另一个原因。

(4)公司主管和有关部门,对电气专业检查和安全检查不够深入细致,检查整改督促不到位,也是事故发生的一个原因。

(5)工作间房屋改造,重做水泥地面,绝缘板撤出,不具备安全作业条件是此次事故的客观原因。

二、小结

1.在配电线路的管理中,巡视工作是配电设备的侦察兵,是查看设备的隐患所在,那么试验和测量就是工兵,是排除隐患前的探测,因此高压试验和测量是配电管理中的一项重要工作。

2.高压电气试验工作应遵守下列主要安全注意事项:①试验人员必须胜任工作,试验工作人员不得少于两人,并应由试验负责人制定和执行安全措施。②高压试验工作人员必须清楚试验目的、方法(包括熟悉试验仪表的性能、使用方法等)和应采取的安全措施。③工作前,负责人应对全体试验人员详细讲述试验工作中的安全注意事项,带电测试应根据现场情况制定安全措施。④重要的特殊性试验、研究性试验,以及在运行系统中进行的试验,必须提前设计试验方案,并经有关领导批准后方可进行。这样,试验工作才能在有组织、有领导、有安全措施,而且在层层有人把关的情况下安全进行。安全措施得不到落实,就容易发生事故。

3.试验现场必须有两个以上工作人员,不允许独自一人在现场工作,若现场有两人工作,一人因特殊原因需要离开,一定要停止工作。并关闭所有试验电源。

4.试验工作不一定在白天,根据以往的经验和实际工作特点,多是在夜晚进行。这就要求在夜晚作业时要有足够的照明,在直接接触设备作业时一定要有专人监护,以保证全程在安全监控下进行。

5.试验工作时,被试验的设备和测量仪器要相互匹配,耐压、耐流、耐温等一定要达到安全要求的规定。

6.尽量在良好的天气下进行,尤其是在室外作业。

7.众做周知,雷电流对设备的危害是非常严重的。对人的危害更大,禁止在雷电天气时进行测量高压、高压核相工作。在室外作业时,听到远方有雷声时,要停止测量绝缘电阻及高压侧核相。

11.2 高压试验

一、事故案例一:严重违章作业

1.案例过程

××市公司在一次秋季供热前的试验工作过程中,试验班组邓××(工作负责人)、班组成员赵××、秦××、胡××等人对10kV园新线所带的电锅炉配电室的设备进行送电前的试验(配电室在停电状态),上午9时左右,工作负责人邓××办理好工作许可手续后,对工作班人员进行了分工:胡××负责操作仪器及记录数据,赵××负责拆接试验接线,邓××负责监护,并在交代了有关安全注意事项后开始工作。这时,检修人员秦××在没有征得试验负责人同意的情况下爬上了刀闸进行检修。由于CT至刀闸的连接线没有拆除,邓××喊秦××下来,但秦××说:"没关系的,你们加压时我让开就行了。"试验过程中加压、变更接线等环节都进行了呼唱,A、B两相的试验都是一次加压试验后完成。在做C相介损试验时,秦××放到了刀闸的B相,第一次试验后,胡××发现试验结果不对,邓××怀疑是二次短接线接地不良,就喊赵××下来,自己到CT构架重新接线。此时,试验工作失去了监护。邓××接好线后,就喊胡××重新试验。胡××在未喊加压的情况下,就启动仪器进行加压。这时,站在旁边的秦××认为试验已结束,在没有询问试验人员的情况下,就移向C相准备接线,邓××及时发现,进行了制止退回,由于发现及时未造成触电事故。

2.违反《配电安规》条款

11.2.4 试验装置的电源开关,应使用双极刀闸,并在刀刃或刀座上加绝缘罩,以防误合。试验装置的低压回路中应有两个串联电源开关,并装设过载自动跳闸装置。

11.2.8 试验结束后,试验人员应拆除自装的接地线和短路线,检查被试设备,恢复试验前的状态,经试验负责人复查后,清理现场。

3.案例分析

(1)这次事故与有关人员思想麻痹,监护人未认真做好监护有很重要的关系。秦××认为,虽然CT在做试验,但只要不靠近加压部分就不会有事。邓××作为监护人对秦××的不安全行为监督不严,制止不力,违反了《安规》的有关规定,工作中又擅自放弃了监护职责,使试验工作失去了指挥和监护。

(2)自我保护意识差:秦××没有良好的自我保护意识,没有意识到自己的不安全行为会带来什么样的后果,在移动工作位置时,也没有看清或询问自己有没有触及带电部分的危险。

(3)试验工作应严格执行《配电安规》中的有关规定,应保证试验部分与检修部分有断开点和足够的安全距离,并做好安全措施。确实没有断开点时,应安排好工作的先后顺序,决不允许同时开工。

(4)应经常在职工中开展安全知识宣传教育活动,克服工作中的麻痹思想,杜绝工作中不安全行为的发生。工作监护人应时刻牢记自己的职责,坚决制止不安全行为。

(5)深入持久地开展反习惯性违章活动,提高全员的安全意识和自我保护意识。

二、小结

1. 工作票是配电专业施工作业的第一道关口。工作票在一个现场只能有一张,尤其是正在实施的作业当中,禁止第二张工作票的流入,控制了工作票就是控制了安全的第一道关口。

2. 在试验作业中有必要解开设备连接的时候,一定要记好或标记,以免在回复的时候出现差错。

3. 在试验配电设备的时候,设备金属外壳一定有良好的接地(根据设备的构造)。

4. 试验装置的电源一定要控制好,在刀刃和刀座上加上绝缘罩,以免作业人员误碰带电体误合电源刀闸。

5. 试验和测量现场一定要装设围栏(遮栏)以防无关人员进入试验区域。并且悬挂"止步,高压危险!"标示牌,标示牌一定要悬挂在醒目的位置,夜间要悬挂有反光功能的标示牌。

6. 作业现场的作业人员,在作业加压以前一定要确认试验的工具、仪器、仪表的显示是否正确,核对量程。作业开始时,操作人员一定要站在绝缘垫(板)上。并按规定做好劳动保护,按要求着装。

7. 在做完一项工作,要变更为另一项工作的时候,应断开全部电源,将升压设备的高压部分放电、短路接地,使遗留电荷充分放掉,才可以移动设备做另一项作业。

8. 试验工作结束(完成)作业人员必须拆除本作业组装设的接地线、短路线。被测试(试验)的设备恢复到原来的状态。核对工作票当中的内容,清理现场,经现场负责人确认后才可以报工作结束。

9. 试验是一种特殊作业,必须保持清醒的头脑和紧张有序的作风,不单单能做试验工作,还要知道危险点在哪里,遇到紧急情况有特殊处理的能力。

10. 在高压试验工作开始之前一定要认真办理工作票。往往小的试验就容易忽略工作票的办理,忽视了安全管控,忽视了安全,成为事故隐患。

11. 试验人员在现场最容易忽视的一种现象就是违反规程11.2.6 "试验应使用规范的短路线,加电压前应检查试验接线,确认表计倍率、量程、调压器零位及仪表的初始状态均正确无误后,通知所有人员离开被试设备,并取得试验负责人许可,方可加压。加压过程中应有人监护并呼唱,试验人员应随时警戒异常现象发生,操作人应站在绝缘垫上。"在实际过程中一定要备加注意,并相互提醒。

11.3　测量工作

一、事故案例一：测量接地电阻未戴绝缘手套，作业人员触电

1. 案例过程

××公司在一次 0.4kV 配电线路查找故障的时候（A 相接地）造成台区电压不平衡。一行三人在查找到××村分支的编号 17 号变压器时怀疑该变压器有异常。该变压器的安装位置是在小房顶上。作业人员王××和陈××到小房顶上查看，发现变压器外壳与接地线处有烧伤痕迹。后判断变压器接地装置有问题，才造成三相电压不平衡而引起台区故障。为了处理这故障，二人商量把变压器外壳接地线拆开重新做，并测量一下接地电阻。就在王××拆开接地线的瞬间，由于零线断开使接地线带电，王××在拆的同时没有戴绝缘手套，触电从小房上跌落地上，由于小房不高（2.0m），没有造成严重后果。

2. 违反《配电安规》条款

11.3.5　测量杆塔、配电变压器和避雷器的接地电阻，若线路和设备带电，解开或恢复杆塔、配电变压器和避雷器的接地引线时，应戴绝缘手套。禁止直接接触与地断开的接地线。系统有接地故障时，不得测量接地电阻。

3. 案例分析

（1）思想麻痹，同时违章。这次事故与有关人员思想麻痹，监护人未认真做好监护有很重

要的关系。

(2)自我保护意识差。没有良好的自我保护意识,没有意识到自己的不安全行为会带来什么样的后果,在移动工作位置时,也没有看清或询问自己有没有触及带电部分的危险。明知是违章还进行,属于明知故犯。

(3)故障处理工作应严格执行《配电安规》中的有关规定,应保证带电部分与检修部分有断开点和足够的安全距离,并做好安全措施。

(4)要经常教育职工开展安全不是为他人,而是为自己的理念。克服工作中的麻痹思想,杜绝工作中不安全行为的发生。工作监护人应时刻牢记自己的职责,坚决制止不安全行为,视他人的生命安全为己任。

(5)把反习惯性违章活动深入持久地开展下去,提高全员的安全意识和自我保护意识,不能光讲、要落实到行动上。

二、小结

1.钳形电流表是配电专业每名工作人员都要会使用的一种工具,在很多现场离不开钳形电流表。但在使用过程中,每次都会接触带电体,这就要求作业人员正确使用钳形电流表。

2.在使用钳形电流表进行测量工作时,必须有两个人工作,一人监护一人操作,监护人要专心致志、操作人要一丝不苟,只有这样才能保证安全不出事故。若有非运维人员参与,要填写第二种工作票。

3.使用钳形电流表测量时要和被测设备的电流、电压相符。在作业前一定要核对无误方可进行作业,以免造成设备或电流表损坏。

4.在测量,尤其是测量带有电压的设备时,一定要戴绝缘手套。若要在狭小空间看数据,一定要保持人体各部位与带电体的安全距离。不得触碰设备。

5.现场由于测量和作业的需求,需要把围栏和遮拦拆除或移开。在移开后要做好记录,(谁移开谁负责)并及时进行作业,作业完毕及时恢复。

6.在测量高压电缆的时候,电缆终端的间距应大于300mm,且终端应干净、无杂物,绝缘体完整。在有故障(单接地时)时禁止测量电缆的电流。

7.在平时测量变压器的电压、电流时,要由有经验的师傅进行,新员工必须在老师傅的监护下进行作业。作业过程中要细心、专心。

8.使用绝缘电阻表(兆欧表)是配电专业中经常而平凡的工作,由于经常平凡就使某些作业人员放松警惕,无视规程,造成事故。

9.在现场测试工作测量绝缘电阻时严禁被测设备带有电压,要先验电确认无电压且设备及线路没有人工作后方可进行绝缘电阻的测试。若是线路测量一定要注意设备的周边环境,观察是否有人接近,确认安全后方可进行。

10.在测量线路的绝缘电阻工作时,一定要注意感应电的危害。一定要有防范措施。站在绝缘垫(板)上,安全措施采取到位,提高一个测量工作器具的电压等级等。

11.核相工作属于不停电作业的工作,是直接用工具来对设备进行测量。因此这就要求必须填写第二种工作票或操作票。

12.无线核相仪是新型的核相器,是通过信号发生器和接收信号来判断相序的正确与否的。但是,无线核相器的绝缘把手必须有足够的耐压强度,使用前必须检查其是否在试验(使用)周期内。

13.二次核相时由于感觉上工作比较简单,危险性比较小,作业人员容易放松警惕,这时就容易产生事故隐患。最可能的就是二次侧短路或接地造成事故。

14.测量导线对接地体的距离或交叉跨越的时候,有条件的地方尽量使用感应仪器等(测高仪、测距仪)测量以减少和带电体的接触。

15.在测量线路杆塔、变压器、避雷器的接地电阻时一定要在作业时戴绝缘手套,禁止徒手搭、拆接地装置中的连接部位,以防造成触电。

16.测量用的仪器仪表是精密的仪器,应该妥善保存,要有专用的保管室存放,不能和其他一般性工器具存放在一起,更不能乱扔乱放。

17.钳形电流表的使用过程应注意的事项和核相工作的过程是最基础的知识,在平时的工作中,一定要控制好现场,每次作业要有安全把关,做到万无一失。

18.高压核相工作时应注意办理第二种工作票或操作票;使用相应电压等级的核相器,并逐相进行;有条件的尽量采用无线核相器。

12 电力电缆工作

12.1 一般要求

一、事故案例一：电缆标志牌不清，操作设备造成停电

1. 案例过程

×年×月×日，××供电公司工作负责人张××持票，带领两名施工人员进行五尧Ⅰ线电缆终端头消缺工作。由于电缆标志牌不清，工作负责人张××在未核实电缆设备标志牌的情况下，盲目拉开相邻设备开关，造成用户停电。

2. 违反《配电安规》条款

未核实电缆设备标志牌的情况下，盲目拉开相邻设备开关违反了《配电安规》

12.1.1　工作前，应核对电力电缆标志牌的名称与工作票所填写的是否相符以及安全措施是否正确可靠。

12.1.2　电力电缆设备的标志牌应与电网系统图、电缆走向图和电缆资料的名称一致。

12.1.3　电缆隧道应有充足的照明，并有防火、防水、通风的措施。

3.案例分析

工作负责人张××工作前未核对电缆标志牌的名称与工作票所填写的是否相符以及安全措施是否正确,违反了《配电安规》的规定。

二、小结

1.工作前应详细查阅有关电力电缆路径图、排列图、断面图(位置图)、隐蔽工程的图纸及电缆运行资料,仔细核对电缆名称、标志牌是否与工作票相符。

2.工作前还应检查需装设的接地线、标示牌、绝缘隔板及防火、防护措施是否正确可靠,并确认与工作票所列的工作内容、安全技术措施相符,经许可方可进行工作。

3.电力电缆设备的标志牌与电网系统图、电缆走向图、断面图(位置图)和电缆资料名称保持一致,目的是为正确进行运行操作、维护以及调度管理等提供基本依据。如果资料内容不一致,会造成管理混乱,甚至会造成误调度、误许可、误操作、误入有电间隔等情况,甚至发生人身伤亡或设备损坏事故。

12.2 电力电缆施工作业

一、事故案例一:电缆抢修,发生触电伤亡事故

1.案例过程

×年×月×日,××供电公司工作负责人陈××持票,带领 7 名施工人员进行西关一路线电缆故障抢修(沟内并排设置西关一路、西关二路两条电缆),工作票终结后,发现紧邻的另一

条电缆外绝缘受损,决定立即处理该缺陷,工作负责人陈××主观认为另一条电缆也已停电,在没有进行验电、接地的情况下,即开始组织消缺工作。工作班成员李××在割破电缆绝缘后发生触电,同时伤及共同工作的谷××,造成一死一伤的人身伤亡事故。

2. 违反《配电安规》条款

工作负责人陈××抢修第二条电缆前未核实线路名称,未对电缆验电、接地,违反配电《配电安规》

12.2.8 开断电缆前,应与电缆走向图核对相符,并使用仪器确认电缆无电压后,用接地的带绝缘柄的铁钎钉入电缆芯后,方可工作。

3. 案例分析

工作负责人陈××主观认为另一条电缆也已停电,在没有进行验电、接地的情况下,即开始组织消缺工作。工作班成员李××在割破电缆绝缘后发生触电,同时伤及共同工作的谷××,造成一死一伤的人身伤亡事故。违反了《配电安规》相关要求。扶绝缘柄的人应戴绝缘手套并站在绝缘垫上,并采取防灼伤措施。使用远控电缆割刀开断电缆时,刀头应可靠接地,周边其他施工人员应临时撤离,远控操作人员应与刀头保持足够的安全距离,防止弧光和跨步电压伤人。

二、事故案例二:电力排管检查,作业人员气体中毒

1. 案例过程

×年×月×日,××供电公司工作负责人李××带领3名施工人员在雁行路42号电力检查井中开展电力排管自检,进入电缆井前,作业人员未用排风装置对电缆井进行通风,也未检测电缆井中的气体。在检查过程中,发生中毒和窒息事故,造成3人受伤。

2. 违反《配电安规》条款

工作负责人李××进入电缆井作业前未检测井内气体易燃易爆及有毒气体含量,违反配电《配电安规》

12.2.2 进入电缆井、电缆隧道前,应先用吹风机排除浊气,再用气体检测仪检查井内或隧道内的易燃易爆及有毒气体的含量是否超标,并做好记录。

3. 案例分析

李××带领3名施工人员在雁行路42号电力检查井中开展电力排管自检时,发生一起中毒和窒息事故,主要原因是违反了《配电安规》的相关要求。在电缆隧道内巡视时,作业人员应携带便携式气体测试仪,通风不良时还应携带正压式空气呼吸器。电缆沟的盖板开启后,应自然通风一段时间,经测试合格后方可下井沟工作。电缆井、隧道内工作时,通风设备应保持常开。禁止只打开电缆井一只井盖(单眼井除外)。必要时,作业过程中用气体检测仪检查井内或隧道内的易燃易爆及有毒气体的含量是否超标,并做好记录。

三、小结

1.施工前,查看、核对图纸,主要是为了确定电缆敷设的位置和走向是否正确。仔细核对路径图、排列图、断面图(位置图)及隐蔽工程的图纸。开挖样洞和样沟,是为了探明地下地质、地下建筑、地下管线分布的情况,做好开挖过程中的意外应急措施,确保施工中不损伤地下运行电缆和其他地下管线设施。

2.电缆井、电缆隧道内属密闭、有限作业空间,工作环境复杂且容易聚集易燃易爆、有毒有害气体。使用通风设备可排除浊气,降低易燃易爆及有毒气体的含量。气体检测仪是检测电缆井、电缆隧道中易燃易爆及有毒气体含量的专用仪器,其性能应能检测一氧化碳、煤气、沼气等有毒气体含量及环境中的含氧量等,气体检测结果应做好记录。

12.3　电力电缆试验

一、事故案例一:带电摘除异物,发生跳闸事故

1.案例过程

×年×月×日,××供电公司检修工区试验班在110kV某变电站进行10kV出线电缆耐压试验。工作负责人为李××,工作人员为张××、王××。在试验过程中,李××操作试验设备,王××整理试验记录,试验人员张××未戴绝缘手套,徒手拆除被试电缆引线,且未对试验电缆进行充分放电、短路接地,就开始更换试验引线,造成人身剩余电荷触电。

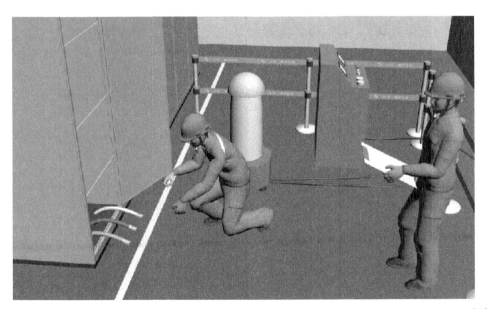

2. 违反《配电安规》条款

工作班成员张××在更换试验引线时未戴绝缘手套、未对试验电缆进行充分放电、短路接地。违反《配电安规》

11.2.7　"变更接线或试验结束，应断开试验电源，并将升压设备的高压部分放电、短路接地"；

12.3.3　"电缆试验过程中需更换试验引线时，作业人员应先戴好绝缘手套对被试电缆充分放电"的规定。

3. 案例分析

在试验过程中，李××操作试验设备，王××整理试验记录，试验人员张××徒手拆除被试电缆引线，更换试验引线，造成人身剩余电荷触电。《配电安规》要求电缆耐压试验前，应先对被试电缆充分放电，加压端应做好安全措施，防止人员误入试验场所。另一端应设置围栏并挂上警告标示牌。若另一端是上杆的或是开断电缆处，应派人看守。电力电缆试验需拆除接地线时，应征得工作许可人的许可后（根据调控人员指令装设的接地线，应征得调控人员的许可）方可进行。工作完毕后立即恢复。电缆试验过程需更换试验引线时，作业人员应先戴好绝缘手套对被试电缆充分放电。电缆耐压试验分相进行时，另两相电缆应可靠接地。

二、小结

1. 电力电缆具有较大的电容量，停电后也存在剩余电荷，如未将剩余电荷放尽就进行电缆耐压试验，一是可能造成接线人员触电伤害，二是充电电流与吸收电流会比第一次减小，这样就会出现绝缘电阻虚假增大和吸收比减小的现象。因此，电缆耐压试验前，应先对其进行充分放电。

2. 电力电缆试验工作需要拆除全部或一部分接地线后才能进行（如测量相对地绝缘、测量母线和电缆的绝缘电阻等）。拆除接地线会改变原有的安全措施，容易造成人员受感应电或突然来电的伤害，因此，拆除接地线应先征得工作许可人的许可（根据调度员指令装设的接地线，应征得调度员的许可）。

3. 当试验工作完毕后，应立即恢复被拆除的接地线，确保安全措施的完整性。

13 分布式电源相关工作

13.1 一般要求

一、事故案例一：未核实工作线路，碰触反送电导线触电伤亡

1. 案例过程

×年×月×日，××供电公司工作负责人李××持票，带领 3 名施工人员进行线路停电消缺工作。作业前工作负责人李××，未核实工作线路有接入配电网的分布式电源，作业过程中，在挂接地线时，造成一名外协施工人员碰触反送电导线触电伤亡。事后查明该停电线路存在分布式电源接入，工作负责人未按照要求查阅接线图并在作业前有效断开用户侧开断设备。

2. 违反《配电安规》条款

工作负责人李××工作前未查明停电线路存在分布式电源接入，作业前未有效断开用户侧开断设备，违反《配电安规》

13.1.1 接入高压配电网的分布式电源，并网点应安装易操作、可闭锁、具有明显断开点、可开断故障电流的开断设备,电网侧应能接地。

13.1.4　有分布式电源接入的电网管理单位应及时掌握分布式电源接入情况,并在系统接线图上标注完整。

3.案例分析

作业前工作负责人李××,未核实工作线路有接入配电网的分布式电源,作业过程中,在挂接地线时,造成一名外协施工人员碰触反送电导线触电伤亡。《配电安规》要求接入高压配电网的分布式电源,并网点应安装易操作、可闭锁、具有明显断开点、可开断故障电流的开断设备,电网侧应能接地。接入低压配电网的分布式电源,并网点应安装易操作、具有明显开断指示、具备开断故障电流能力的开断设备。接入高压配电网的分布式电源的用户进线开关、并网点设备应有名称并报电网管理单位备案。有分布式电源接入的电网管理单位应及时掌握分布式电源接入情况,并在系统接线图上标注完整。装设于配电变压器低压母线处的反孤岛装置与低压总开关、母线联络开关间应具备操作闭锁功能。

二、小结

1.为防止高压配电网检修时分布式电源向电网反送电,造成电网检修人员触电,接入高压配电网的分布式电源,应在并网点安装容易操作、可靠闭锁且有明显断开点、可开断故障电流的开断设备,电网侧应有验电、接地装置。

2.为便于运行管理和调度,接入高压配电网的分布式电源的并网断路器、隔离开关、熔断器等开断设备,应有相应的双重名称,并报电网管理单位备案。

3.分布式电源、高压断路器、隔离开关、熔断器等开断设备的接线图及相关图纸资料应同样报电网管理单位备案。

13.2　并网管理

一、事故案例一:设备反送电,造成人员触电伤亡事故

1.案例过程

×年×月×日,×用户新增分布式电源并网,在电网管理单位未对该设备验收合格前,私自合上隔离设备并网,发生一起因该设备反送电,造成人员触电伤亡事故。

2. 违反《配电安规》条款

在电网管理单位未对该设备验收合格前,私自合上隔离设备并网,违反《配电安规》

13.2.3 分布式电源并网前,电网管理单位应对并网点设备验收合格,并通过协议与用户明确双方安全责任和义务。应在并网协议中至少明确以下内容:

(1)并网点开关(属用户设备)操作方式。

(2)检修时的安全措施。双方应相互配合做好电网停电检修的隔离、接地、加锁或悬挂标示牌等安全措施,并明确并网点安全隔离方案。

(3)由电网管理单位断开的并网点开断设备,仍应由电网管理单位恢复。

3. 案例分析

在电网管理单位未对该设备验收合格前,私自合上隔离设备并网,《配电安规》要求电网调度控制中心应有保证掌握接入高压配电网分布式电源并网点开关状态的措施。直接接入高压配电网的分布式电源的启停应执行电网调度控制中心的指令。

分布式电源并网前,电网管理单位应对并网点设备验收合格,并通过协议与用户明确双方的安全责任和义务。

二、小结

1. 为实现电网运行的统一调度、统一管理,调度控制中心应掌握分布式电源并网点开断设备的事实状态。

2. 电网管理单位在接到分布式电源用户并网申请后,应对分布式电源并网点设备进行验收,合格后双方签订并网协议。

3.并网协议应包含但不限于本条款所述三方面内容,要突出保障人身安全和电网安全的基本要求,明确双方相关的安全责任和义务,内容清晰,便于执行。

13.3　运维和操作

一、事故案例一:系统接线图错误,导致人员触电事故

1.案例过程

×年×月×日,××供电公司组织线路迁改工作,该公司由于新增一处分布式电源项目未及时更新系统接线图,现场工作负责人陈××按照系统接线图填写工作票并进行施工,导致发生一起人员触电事故,造成1人伤亡。

2.违反《配电安规》条款

该公司由于新增一处分布式电源项目未及时更新系统接线图,违反《配电安规》

13.3.1　分布式电源项目验收单位在项目并网验收后,应将工程有关技术资料和接线图提交电网管理单位,及时更新系统接线图。

3.案例分析

新增一处分布式电源项目未及时更新系统接线图,现场工作负责人陈××按照系统接线

图填写工作票并进行施工,导致发生一起人员触电事故,造成 1 人伤亡。接入系统单位应掌握、分析分布式电源接入配变台区状况,确保接入设备满足有关技术标准。进行分布式电源相关设备操作的人员应有与现场设备和运行方式相符的系统接线图,现场设备应具有明显操作指示,便于操作及检查确认。操作应按规定填用操作票。

二、小结

为便于电网安全运行和调度管理,分布式电源项目在并网验收后,电网管理单位应汇总工程技术资料和接线图,并及时更新电网系统接线图,及时将电网接线变化情况通报相关单位。

13.4 检修工作

一、事故案例一:变压器停电消缺,反送电造成人员触电。

1. 案例过程

×年×月×日,××供电公司工作负责人刘××带领工作班成员王××(死者)在前卫站 591 线路 B1370 台区进行变压器停电消缺工作,未告知用户具体停送电时间,工作班成员上午 8 时到达现场后未采取任何安全措施,确认变压器停电后开始工作。9 时工作班成员王××触电倒在地上,紧急就医。事后查明该用户存在分布式电源接入,反送电造成人员触电。

2. 违反《配电安规》条款

13.4.5 "若在有分布式电源接入的低压配电网上停电工作,至少应采取以下措施之一防止反送电:

(1)接地。

(2)绝缘遮蔽。

(3)在断开点加锁、悬挂标示牌。

13.4.6 电网管理单位停电检修,应明确告知分布式电源用户停送电时间。由电网管理单位操作的设备,应告知分布式电源用户。以空气开关等无明显断开点的设备作为停电隔离点时应采取加锁、挂牌等措施防止误送电"

3. 案例分析

未告知用户具体停送电时间,工作班成员到达现场后未采取任何安全措施,《配电安规》条款规定:在分布式发电并网点和公共连接点之间的作业,必要时应组织现场勘察。在分布式电源接入相关设备上工作,应按规定填用工作票。在有分布式电源接入电网的高压配电线路、设备上停电工作,应断开分布式电源并网点的断路器、隔离开关或熔断器,并在电网侧接地。在有分布式电源接入的低压配电网上工作,宜采取带电工作方式。

二、小结

1.将所有相线和零线接地并短路,可有效防止反送电、感应电和突然来电。

2.绝缘遮蔽,宜采取隔离并遮蔽,即在工作范围以外将带电部位隔离并进行绝缘包裹,使其与工作地段隔离。

3.断开点加锁,可采用锁住低压开关箱门的方式。加锁后还应悬挂标示牌。

4.电网管理单位停电检修,应组织现场勘查,制定作业方案,拟定停送电时间,提前告知分布式电源客户。

5.工作前与客户配合做好电网停电检修的隔离措施,将停电隔离点开关加锁,并悬挂标示牌,在电网与分布式电源用户停电隔离点的空气开关电网侧、用户侧装设接地线。

14 机具及安全工器具使用、检查

14.1 一般要求

一、事故案例一:切割螺丝切割片断裂

1.案例过程

××单位在配电现场施工作业中,用切割锯切割螺丝,不了解该切割锯性能,在切割作业时用力不均造成切割片断裂飞出,幸亏旁边没有其他人员,没有造成事故。

2.违反《配电安规》条款

14.1.1 作业人员应了解机具(施工机具、电动工具)及安全工器具相关性能、熟悉其使用方法。

14.1.2 现场使用的机具、安全工器具应经检验合格。

3.案例分析

该次事故的发生虽然没有造成破坏和损失,但性质十分恶劣。如果旁边有其他人可能会

造成严重后果。因此,作业人员在使用工具的时候一定要熟知并了解其性能和使用方法。

首先要了解:机具及安全工器具的用途和结构、主要技术参数、使用方法、维护与保养、易损件。

关键点:开机前应检查各部位螺栓,螺母有无松动;检查电源、接线有无漏电现象;锯片旋转方向与防护罩标注方向是否一致。检查无误后方可开机工作。要查看铭牌,核对数据,进行外观检查,查看使用说明。

二、小结

1.在开机使用前,应检查各部位螺栓,螺母有无松动;检查电源、接线有无漏电现象;锯片旋转方向与防护罩标注方向是否一致。检查无误后方可开机工作。

2.不能使用三无产品,尤其是带电设备。

3.工器具必须有合格证,闭锁机构良好,刹车良好,限位准确,必须有安全遮板。

4.在使用工具后,工具还处在转动的情况下,严禁擦拭转动部位。擦拭转动工具的时候,严禁在机具运转下进行擦拭。

5.漏电保护器是保护生命安全的关键设备,一旦失灵就会造成严重事故。

6.发现有变形、损坏等不合格工具要及时报废处理,并从仓库拿出,另外放置。

7.自制的工具一定要经过具有相关资质的审查机构认定,经过试验确认安全可靠并出具试验报告、合格证后方可使用。

14.2 施工机具使用和检查

一、事故案例一:起吊作业倒链损坏,导致变压器落地

1.案例过程

×年×月,××公司在一次变压器柱上台架施工中,柱上台架已全部完成,最后吊装变压器上台架接引即可完工。但此时发现吊装工具只有两个1吨倒链(手扳葫芦),而变压器重量为1.5吨,两个倒链要同时平均受力才能正常吊起,起吊过程中一只倒链损坏,导致变压器落地。由于变压器刚离开地面,没有造成变压器损坏,只是损坏了一只倒链。

2.违反《配电安规》条款

14.2.6.3 两台及两台以上链条葫芦起吊同一重物时,重物的重量应小于每台链条葫芦的允许起重量。

3.案例分析

(1)起重作业时不能用简单的加法来考虑起重机械的载荷,要考虑机械损坏、吊点位置、绳索强度等各种因素。

(2)虽然两个倒链的总吊起重量为两吨,看似大于重物,但两个倒链没有同时启动。

（3）综合以上分析，总重量的吊起采用两台及两台以上链条葫芦时，一定要考虑好裕度。

二、小结

1. 禁止手扶运行中的钢丝绳，禁止跨越行走中的钢丝绳，不准在各导向轮内侧停留。作业人员要由有资质的人员担任，作业人员要有特种行业操作证书，方可操作绞磨。

2. 独立抱杆的缆风绳不能使用三根。因为三根平衡太难掌控。在松软的土地上用抱杆一定要使抱杆根基稳定，必要时采取措施，防止滑跑下陷。

3. 卡线器。卡线器分铝合金卡线器、铁卡线器、双桃导线卡线器。作为电力施工中的夹线工具，有着严格的技术规范，如果卡线器质量不过关，一旦发生危险，后果不堪设想。

4 放线架。放线架有多种多样，有厂商制造，也有各单位自行制造。但是不管什么样的产品在使用过程中一定要按要求核实它的荷载，现场一定要按规程要求来做。

5. 地锚的深度要根据现场地形土质来决定埋得深度和大小。发现有变形的地锚和损坏严重的要严禁进入施工现场。地锚各式各样，有各种材质，一般由拉线棒和拉线盘组成，可根据受力的荷载按规定来配备。

6. 手板葫芦也是电力行业施工中常用的一种工具，使用非常广泛，几乎每个施工现场都用得到，因此使用和保养非常关键。使用前一定要认真检查，先试起吊，没问题再开始正式使用。在起吊过程中认真观察各部件是否正常，保证受力均匀。发现异常情况要立即停止作业，等查清问题并处理完毕后再继续作业。

7. 严禁超载使用，严禁擅自加长手柄使用。严禁用人力以外的其他动力操作。在起吊起重物时，严禁人员在重物下做任何工作或行走，防止发生人身事故。使用前必须确认机件完好无损，传动部件及起重链条润滑良好，空转情况正常。在用两个手扳葫芦（倒链）起重重物时，一定计算好受力情况，并要确保两个手扳葫芦同时受力。

8. 在施工现场使用两个链条葫芦起吊时，一定要根据重物的体积、重量来确定葫芦的起吊荷载，不能简单地认为两个葫芦的起重重量之和大于所吊重物的之和就可以。要充分考虑到重物荷载的安全系数。不是简单的一加一等于二。发生故障时不要慌，不能乱了分寸，要仔细检查，及时处理。

9. 钢丝绳插接头应大于直径的 15 倍，不得小于 300mm。若遇到在封闭的滑轮和滚筒中有接头的话，要重新装入钢丝绳。

10. 合成纤维吊装带在吊装过程中遇到吊绳摩擦尖、棱角物，要有防护措施，以免划伤吊绳。吊装不同的物体要使用不同的吊装绳，按规定的荷载使用，严禁超载使用。使用合成纤维吊带的时候应向上吊起，禁止托、拉、拽以防吊带损坏。

11. 发现滑轮有裂纹时要及时淘汰，作报废处理，与合格的滑轮分开放置，不能再流入现场。施工使用开口滑车一定要使开口封闭，以免导线滑出。滑轮使用必须固定在牢固的桩锚上，不能拴挂在容易脱落的地方，以免造成事故。滑车在地面运转时，滑车的周围要清理干净，以防杂物进入滑车内。

12. 现场开工前一定要把棘轮紧线器详细检查，发现有问题的工器具，一定要及时淘汰，坚决避免问题工器具进入现场。施工中操作人员在使用棘轮紧线器放紧线时,要站在侧面,不能站在正下方,以防导线滑脱时被棘轮紧线器砸伤。

13.操作工具必须要精心保管,科学使用,爱护有加。彰显电力行业的施工效果。

14.3 施工机具保管和试验

一、事故案例一:保管不到位导致倒链报废

1.案例过程

在××单位仓库检查时发现,工作人员责任心不强,倒链严重锈蚀,无法再用,只好报废处理。

2. 违反《配电安规》条款

14.3.2 施工机具应定期维护、保养。施工机具的转动和传动部分应保持润滑。

3. 案例分析

"倒链"又名"手拉葫芦",手拉葫芦是一种使用简易、携带方便的手动起重工具。适用于工厂、矿山、建筑工地、码头、船泊、仓库等安装作业。

倒链因严重锈蚀报废,主要是保管、保养不到位。

二、小结

1. 库房要有专门保管的台架,并且要通风、干燥,不能在地面上乱扔,以防链条锈蚀。

2. 施工机具在库房要定期保养,定期注油,以保证转动灵活,没有卡挂现象。

3. 起重工具是保证施工顺利地的工具,也是保证安全措施的一项内容,要定期试验,按《配电安规》附录 K 的要求来做。

4. 施工机具做试验一定要按标准要求做好每项试验,数据要准确,要有记录并备案。

5. 看似简单平常的事情,一旦被忽视或者放之任之,关键时刻就可能会造成不必要的麻烦,施工机具尤其是起重方面的机具,一定要注意日常的维护保养。

6. 倒链保养要求:

(1) 倒链齿轮箱需涂抹有硫酸钡原料的防锈脂,起重链条也应当经常涂敷润滑油。另外,还要在规定的时间内,检查整机是否受到腐蚀以及其腐蚀的程度,从而做出相应措施。

(2) 倒链一旦出现锈蚀现象,可以用硬木片把上面的锈斑刮掉,再涂上油脂,如果发现油膜已经严重变形,需利用煤油来清洗。

(3) 锈蚀的倒链经清洗维修后,需要对其进行空载检验,检验合格后方可投入使用。

14.4 电动工具使用和检查

一、事故案例一:切割作业未做防护措施

1. 案例过程

×年 9 月 22 日在某工地施工现场,作业人员在未戴手套,且没有任何防护措施的情况使用手持电动工具切割材料。安全人员询问他为什么不戴手套?作业人员回答:"没事。"

2. 违反《配电安规》条款

14.4.4　使用电动工具,不得手提导线或转动部分。使用金属外壳的电动工具,应戴绝缘手套。

14.4.7　在一般作业场所(包括金属构架上),应使用 II 类电动工具(带绝缘外壳的工具)。

3. 案例分析

(1)作业人员安全观念淡薄,侥幸作业,我行我素,没有认识到事故的发生就在一瞬间。

(2)该单位的安全管理漏洞百出,每天的安全教育班前会形同虚设,无实质的效果。

(3)领导层面对安全的管理存着脱节现象。

(4)如此的现场,如不加强现场教育,将可能造成严重的事故。

二、小结

1.电动工具一定要使用独立的专用开关插座。不能私拉乱接,且控制点要在可见范围,随时停电。

2.对在现场使用的手提工具一定要有绝缘设备,并且有可靠的接地或接零。

3.对长期未使用的电动工具,在使用前一定要做绝缘测量,必要时做耐压试验以防漏电,造成事故。

4.在现场使用电动工具时一定要戴绝缘手套,不能手提电线作业,更不准手按转动部分作业。

5.在现场作业一定要安排有序,不能随意乱扔电线,避免车辆碾轧导线。

6.施工作业若需临时离开,不但要通知负责人,还要将电动工具电源关闭,必要时上锁。

7.在作业场所使用工具时,一定要详细查看使用说明书,按说明书的使用方法和规定的适用场所使用。

8.在具有腐蚀性或潮湿的现场使用电动工具时,一定要有具体的防腐、防潮措施,以免设备在运行时受潮或腐蚀,造成绝缘性能下降。

14.5　安全工器具使用和检查

一、事故案例一:登杆前未检查脚扣从杆上滑下

1.案例过程

××供电所工作班成员李××和王××在一次巡视过程中发现一处缺陷需要处理(不需要停电)。由于是在巡视的过程中发现缺陷,没有带登高工具,便在村里电工家借了一副脚扣。二人未认真检查脚扣,也未对脚扣进行冲击试验,王××即登高进行消缺。正在处理时,脚扣突然断裂,王××从高处滑下,造成右脚踝骨扭伤。事后经查问,该脚扣几年没有做过试验,有旧断裂痕迹,在高处作业的过程中脚扣断裂,由于使用了安全带,没有造成高摔,只是从杆上滑下的一次轻伤事故。

2.违反《配电安规》条款

14.5.1　安全工器具使用前,应检查确认绝缘部分无裂纹、无老化、无绝缘层脱落、无严重伤痕等现象以及固定连接部分无松动、无锈蚀、无断裂等现象。对其绝缘部分的外观有疑问时应经绝缘试验合格后方可使用。

14.5.7　脚扣和登高板

(1)禁止使用金属部分变形和绳(带)损伤的脚扣和登高板。

(2)特殊天气使用脚扣和登高板,应采取防滑措施。

3.案例分析

造成这次事故的主要原因:自我保护意识不强,安全意识淡薄。没有严格执行《配电安规》规定,使用安全工器具方法不正确。对安全工器具使用前没有检查外观,没有检查安全工器具是否合格。登杆前,没有按要求对脚扣进行冲击试验。

安全工具是安全作业的保障,一旦出现问题就可能造成作业人员的生命危险。对于现场使用的安全工器具,有着特殊的要求:绝缘部分无裂纹、无老化、无绝缘层脱落、无严重伤痕等现象,以及固定连接部分无松动、无锈蚀、无断裂等现象。

安全工器具通常是指用于防止触电、灼伤、坠落、摔跌等事故发生,保障工作人员人身安全的各种专用工具和器具。

二、小结

1.在电力系统中,为了顺利完成任务而又不发生人身事故,操作人员必须携带和使用各种安全工器具。如对运行中的电气设备进行巡视、改变运行方式、检修试验时,需要采用电气安全用具;在线路施工中,需要使用登高安全用具;在带电的电气设备上或邻近带电设备的地方工作时,为了防止触电或被电弧灼伤,需使用绝缘安全工器具等。

2.安全工具是安全作业的保障,其一旦出现问题就可能造成生命危险。对于现场使用的安全工器具,一定要严格认真检验。

3.在现场使用绝缘测量工具时,一定要检查是否在试验周期内。在雨天使用绝缘杆时,应使用装有防雨罩的工具。

4.现在班组配备的接地线都是成套且有编号的,如发现接地线有散股、断股、护套严重损坏等缺陷时,要及时修复,不能修复的要做报废处理。

5.脚扣使用前应注意:①金属母材及焊缝无任何裂纹及可目测到的变形;②橡胶防滑块(套)完好,无破损;③皮带完好,无霉变、裂缝或严重变形;④小爪连接牢固,活动灵活。

6.安全帽在佩戴时一定要调整完好:左右不晃、前后不摇、不松不紧、顶有间隙。

7.工具的使用和作业人员的安全密切相关,在使用前对安全工器具认真详细的检查是确保安全的最关键一步。在作业前,既要在物质方面准备齐全,做好物质保障,又要在精神方面有充分认识,杜绝违章作业。

14.6　安全工器具保管和试验

一、事故案例一

1. 案例过程

在某 10kV 线路抢修过程中,对线路进行分段试送时,操作人员带故障合上隔离开关对线路送电,产生弧光。操作人员没有穿绝缘靴,加之在雨天用无防雨罩的绝缘棒,造成触电死亡事故。

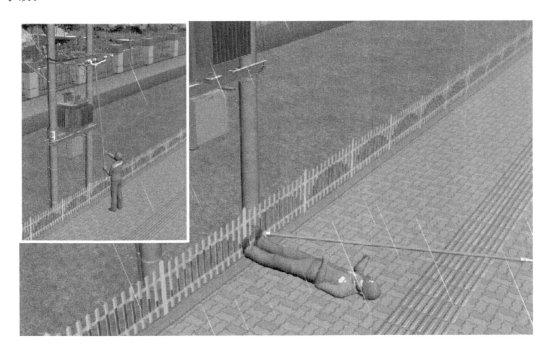

2. 违反《配电安规》条款

14.6.2.2　应试验的安全工器具如下:

(1)规程要求试验的安全工器具。

(2)新购置和自制的安全工器具。

(3)检修后或关键零部件已更换的安全工器具。

(4)对机械、绝缘性能产生疑问或发现缺陷的安全工器具。

(5)出了问题的同批次安全工器具。

3. 案例分析

(1)操作发生故障线路的开关、断路器要先查出故障点,没有查出就操作是造成本次事故

供电企业生产现场安全事故案例分析(配电部分)

的原因之一。

(2)雨天操作没有使用带防雨罩的拉闸杆是主要原因之一。

(3)该操作人安全意识淡薄,把生命当儿戏是主观原因之一。

(4)监护人没有起到监护作用,没有提醒和对安全把关是主要原因之一。

二、小结

1.安全工器具的保管应有专用保管室,保管室要由专人负责,必须干燥通风。要定期检查工具保管室的环境温度、湿度。施工运输的过程中不能和酸性、碱性、具有腐蚀性的物品接触,以免损伤。

2.安全工器具每次试验后要由试验部门出具检验报告。在使用过程中,受到环境影响性能有所改变的工具,比如在受潮、雨淋等环境下,也要做相关试验。合格证内容包括:试验日期、使用周期、试验人等。要求试验单位和部门及时提交试验报告,并妥善保存。

15 动火作业

15.1 一般要求

1. 动火作业应严格执行作业流程,流程的审批、签发、许可、监护等人员应具备相应资质,在整个作业流程中应严格履行各自的安全责任。

2. 动火作业前应检查使用的机具、气瓶等是否合格、完整。

3. 动火作业是有明火的作业,在进行动火作业前,作业人员应观察周围环境有没有易燃易爆物品。如有易燃易爆物品或防火设施,应严格执行动火工作的有关规定。

15.2 动火作业

一、事故案例一:电焊作业时引起油气爆炸

1. 案例过程

2016年5月10日,××公司职工王××带领6名民工进行××电厂油管加装排空装置工作。办理完工作票及动火作业票许可手续后,当日下午在库区外部配置了管件。5月11日至5月12日,施工人员在库区内在动火监护人的监护下从事了气割、电焊等相关工作,完成了

输油泵法兰安装管件的配置等工作。5月13日15时许,由王××带领工作负责人及临时聘请的5名劳务工到达油库区,在动火监护人到达后,一同进入工作现场。15时40分左右,当动火执行人在电焊连接2号油罐上部的排空管道时,油罐突然发生爆炸,继而引起1号油罐起火,当即造成雇佣的民工和电厂动火监护人共5人死亡,1名民工受伤,并引起大火。

2. 违反《配电安规》条款

15.2.11 动火作业防火安全要求。

15.2.11.4 凡盛有或盛过易燃易爆等化学危险物品的容器、设备、管道等生产、储存装置,在动火作业前应将其与生产系统彻底隔离,并进行清洗置换。在检测可燃气体、易燃液体的可燃蒸汽含量合格后,方可动火作业。

15.2.11.5 动火作业应有专人监护,动火作业前应清除动火现场及周围的易燃物品,或采取其他有效的防火安全措施,配备足够适用的消防器材。

3. 案例分析

本次事故中,在动火作业前没有对油罐排空管道进行可燃气体检测,在排空管道内集聚了大量油气,进行电焊作业时,电火花引起油气爆炸,并引起相邻的油罐起火,这是造成本次重大人身伤亡事故的直接原因。同时由于在动火作业前没有对相邻的1号油罐采取有效的防火安全措施,在2号油罐发生爆炸时,引起1号油罐起火,造成事故扩大。

二、小结

1. 动火作业票上所涉及的各级人员要具备相应的资质,承担各自的安全责任。同时对动火作业器具、工作场所进行动火作业必须满足15.1规定的要求。

2. 一、二级动火作业票的签发人和批准人员相同,但审核人员不同。在工作中动火作业工作票所列的动火工作票各级审批人员和签发人、动火工作负责人、运维许可人、消防监护人、动火执行人要落实各自的安全职责。

3. 对盛有或盛放过易燃易爆的设备、装置,首先要隔离并清洗置换,检测合格后才能动火作业。动火作业要保证工作场所有足够的消防器材和排风良好,间断或结束工作前要确保现场无残留火种,防止发生火灾事故。

4. 动火作业要现场监护,一级动火作业和二级动火作业时,现场监护人要求不同。工作中现场监护不能离开,必须始终在工作现场。动火作业完成后,作业票的各项人员必须认真检查清理现场,确无问题后在工作票上由三方或四方进行签名。工作票工区留存一份,保存1年。

5. 严禁在带有压力的设备或带电设备上进行焊接。在油漆未干和风力大于5级以上的雨雪天气,应做好安全措施后方可进行作业。同时电焊机要做好接地,防止外壳带电伤人。

15.3　焊接、切割

一、事故案例一:气割作业引发爆炸

1.案例过程

×年×月×日,××电力设备有限公司××金具制造车间发生爆炸事故。事故发生时,该公司员工正在准备进行气割作业,切割角钢制造横担。当操作者点燃火焰切割割炬后,突然发生乙炔气路爆炸,导致操作人员烧伤。事后经检查发现,乙炔气瓶水平躺倒放置,且未固定。其他人员因觉得乙炔气瓶碍事,将其进行了移动,使其距离氧气瓶只有不到3m。操作人员在进行气割前并未将乙炔气瓶移开,乙炔气瓶本身质量有问题,气体泄漏,遇到明火后发生爆炸。

2.违反《配电安规》条款

15.3.6　使用中的氧气瓶和乙炔气瓶应垂直放置并固定,氧气瓶和乙炔气瓶的距离不得小于5m,气瓶的放置地点不得靠近热源,应距明火10m以外。

3.案例分析

操作工人安全意识差,专业知识不足,没有及时将乙炔气瓶移至远离氧气瓶的地方。同时,进行作业时,作业点离气瓶太近,导致明火引爆泄漏的乙炔气体。

二、小结

1.禁止在带有压力的设备上焊接。因为在带有压力(液体压力或气体压力)的设备上进行

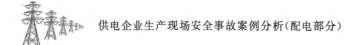

焊接时,焊接会产生高温,从而降低设备材料的机械强度,或在焊接时可能将设备的表层破坏引起液体或气体泄漏,这些都可能造成人员伤害或设备损坏。

2.禁止在带电的设备上焊接。在对金属进行焊接时,会产生高温的金属游离气体。在带电设备的外壳、基座、连接杆等部位进行焊接时,高温的金属游离气体可能会使设备短路跳闸。同时,在带电设备上进行焊接时,因作业人员离带电设备距离近,易造成作业人员触电风险。

3.未干的油漆会挥发出可燃气体和有毒气体,在油漆未干的结构或其他物体上焊接,高温容易引燃油漆挥发的可燃气体,或在通风不畅的情况下造成作业人员中毒。

4.电焊机可能因内部故障而使外壳带电,作业人员碰触电焊机外壳时会造成触电。因此,电焊机的外壳应可靠接地,接地电阻不得大于 4Ω。若接地电阻太大,当外壳漏电时,作业人员触及外壳时流经其身体的电流太大可能会危及人身安全。

5.对于安全问题,不能心存侥幸,要用技术手段来解决安全隐患。禁止把氧气瓶与乙炔瓶、与易燃物品或与装有可燃气体的容器放在一起运送。

16　起重与运输

16.1　一般要求

一、事故案例一：撤卸设备缺少安全措施引事故

1. 案例过程

×年 8 月 2 日上午，××运输公司运送四车锅炉本体烟道设备到某电建公司热机工地。9 时 45 分左右，16 吨吊车先行到位，吊车指挥郭××、柳××打支撑脚做准备工作。9 时 50 分左右汽车到位后，汽车司机即开始松卸设备。在撤卸完两个绑扎葫芦时，运输车上的设备发生倾翻滑下，将正在进行吊车打支撑脚穿钢丝绳的柳××砸伤，送医院抢救后无效死亡。

2. 违反《配电安规》条款

16.1.2　重大物件的起重、搬运工作应由有经验的专人负责，作业前应进行技术交底。起重搬运时只能由一人统一指挥，必要时可设置中间指挥人员传递信号。起重指挥信号应简明、统一、畅通，分工明确。

16.2.1　起吊重物前，应由起重工作负责人检查悬吊情况及所吊物件的捆绑情况，确认可

靠后方可试行起吊。起吊重物稍离地面(或支持物),应再次检查各受力部位,确认无异常情况后方可继续起吊。

3. 案例分析

在本次事故中,两辆车没有统一的指挥人员,缺乏必要的联系和沟通,是造成本次事故的重要原因。

汽车司机在松绑货物时,没有用吊车的钩子吊住要卸的货物,没有检查货物各受力部位是否均衡,这也是造成本次事故的直接原因。

二、小结

1. 从事起重和运输工作的人员应具备必要的基本素养,要经过专门的培训考试并取得合格证书,才可独立上岗,参加作业。

2. 做好对重大物件起重、搬运工作的组织措施和技术措施。

3. 起重设备要做好检测和日常的维护。

4. 禁止超负荷和在恶劣天气条件下起重作业。

5. 在进行起重作业,尤其重大物件的起重、搬运工作时,应由有经验的专人负责,作业前应进行技术交底。起重搬运时只能由一人统一指挥。在道路上施工应装设安全遮栏(围栏),防止误伤行人。同时遇有 6 级以上的大风时,禁止露天进行起重工作。当风力达到 5 级以上时,受风面积较大的物体不宜起吊。雷雨时,应停止野外起重作业。遇有大雾、照明不足、指挥人员看不清各工作地点或起重机操作人员未获得有效指挥时,不得进行起重作业。

16.2 起　　重

一、事故案例一:起重机吊臂折断酿悲剧

1. 案例过程

×年 6 月 29 日,天气晴,××电力有限公司实施××风电 110kV 送出工程的铁塔起重机吊立组装工作,施工项目部作业班组长马××负责指挥施工,安全员马××负责监护,项目总监李××现场旁站督导,劳务分包单位 7 名高空作业人员参与作业,吊车租赁单位安排刘××负责操作 80 吨汽车起重机。7 时 50 分,作业班组长马××、安全员马××及 16 名工作人员到达现场,马××组织召开站班会,对所有参与工作的人员进行安全风险控制措施交底并确认签字,并对汽车起重进行检查和试吊,合格后开展组塔工作。12 时 30 分,进行 G30 铁塔上段吊装。13 点 05 分上段铁塔接近就位位置,工作负责人指挥 7 名高空作业人员登塔作业,在上下段铁塔对接时,汽车起重机第四节吊臂突然折断,起吊塔段向 B 腿、C 腿侧倾倒,造成 4 名高空作业人员受伤。工作负责安排人员拨打 120 电话,13 点 45 分,救护车到达现场对受伤人员进行急救,其中一人死亡,三人送医院治疗,伤好后出院。

2. 违反《配电安规》条款

16.1.3　起重设备应经检验检测机构检验合格,并在特种设备安全监督管理部门登记的规定。

16.2.1　起吊重物前,应由起重工作负责人检查悬吊情况及所吊物件的捆绑情况,确认可靠后方可试行起吊。起吊重物稍离地面(或支持物),应再次检查各受力部位,确认无异常情况后方可继续起吊。

3. 案例分析

本次事故的起重机是施工单位从租赁公司租赁的,租赁公司对租赁起重机的检查维护不到位,没有发现吊臂存在的质量问题,是造成本次事故的直接原因。

施工单位对吊车的检测资料审查不严,不掌握起重机的历史使用记录和工况,缺乏性能检测手段,不能及时发现吊臂存在问题,致使工作过程中发生吊臂折断,是造成本次事故的间接原因。

二、小结

本节主要内容为起重开始前的准备工作,起重设备工作时周围环境要求,起重设备以及在带电区域内进行起重作业的规定。

同时规定了对用起重机起吊埋在地下的不明物件、与工作无关人员在起重工作区域内行走或停留等 5 种禁止行为。

起重过程中起吊重物前不能直接起吊,要先进行安全检查,检查起吊物件的绑扎是否符合规定,确保在起吊过程不发生因绑扎不牢固造成的人身伤害或设备损坏事故。在起吊、牵引过程中,受力钢丝绳的周围、上下方、转向滑车内角侧、吊臂和起吊物的下面,禁止有人逗留和通过。

进行起重作业时起重设备的工作位置要符合规程要求,防止设备倾斜,地面防坍塌。对在带电区域工作区,应制定防止误碰带电设备的安全措施。起重作业要禁止 5 种行为,不能冒险作业。

16.3　运　　输

一、事故案例一:卸电杆缺少安全措施引发事故

1. 案例过程

×年1月15日,××电力公司配网工程安装施工队,安排 3 名工作人员到施工现场卸电杆。当日,运送电杆的是拖拉机牵引着一辆装载 4 根 12m 电杆的两轮车架。9 时 50 分到达现场后,工作负责人李×指挥赵××、杨××,先用两根枕木斜放在装电杆车架的前后 1/3 处,然后解开捆绑电杆的绳索,赵××、杨××分别站在车架电杆上两端,准备从电杆两侧,用木杠撬

动电杆,让电杆沿枕木滚下,在撬动电杆的过程中,脚下的电杆由于没有捆扎,在用力过程中,造成滑动,致使赵××滑到车架下,造成左腿骨折。

2.违反《配电安规》条款

16.3.3 装卸电杆等物件应采取措施,防止散堆伤人。分散卸车时,每卸一根之前,应防止其余杆件滚动;每卸完一处,应将车上其余的杆件绑扎牢固后,方可继续运送。

3.案例分析

本次事故案例中,工作人员在卸电杆过程中,没有将暂时不卸的电杆绑扎牢固,造成在卸车过程中其余电杆滚动,导致人员受伤。没有执行《配电安规》16.3.3的要求是造成本次事故的主要原因。

由于电杆杆体是圆形的,极易产生滚动,因此在卸车时,必须在每卸一根之前,将其余暂时不卸的电杆绑扎牢固,避免由于卸车产生振动或人为原因造成电杆滚动,从而造成人身伤害。

二、小结

本节主要讲了道路运输、装、卸各环节规定。

1.运输搬运过程的规定,在不利情况下要有组织措施和必要的安全措施。

2.装载货物时,运输物品要绑扎固定牢固。

3.讲述了电杆的装卸、搬运的规定、使用管子搬运的规定,在运输作业时,作业人员须严格按规定的要求操作,规避人为的风险。

4.运输的过道要保证平坦畅通,对特殊路段要制定安全措施,确保运输的安全。运输过程中要对货物绑扎牢固,防止滚动、移动伤人。

5.运载超长、超高或重大物件时,物件重心应与车厢承重中心基本一致,超长物件尾部应设标志。禁止客货混装。

6.由于电杆本身极易滚动,因此装卸电杆等物件应采取措施,防止散堆伤人。

7.用管子滚动搬运应由专人负责指挥。管子承受重物后两端应各露出约30cm,防止压伤,并采取防止下滑的措施。

17　高处作业

17.1　一般要求

一、事故案例一:高处作业未用工具袋,工具坠落砸伤人

1.案例过程

×年 6 月 16 日,××供电公司集体企业进行 10kV 东米线 5321 线王庄支路立钢杆、更换导线作业,10 时 20 分,作业人员曹××登上 6 号塔进行紧固螺母工作,已系好安全带,作业过程中,将螺母及电动工具放置在塔翅上,未做固定,曹××未使用工具袋,塔下监护人刘××在塔下吸烟,未认真做好监护,未及时制止曹××的违章行为,杆塔下方未设置围栏等隔离措施。10 时 30 分,曹××在挥手拿螺母时不慎将电动工具打落,砸到正在杆塔下休息的刘××,导致其颈椎受伤瘫痪。

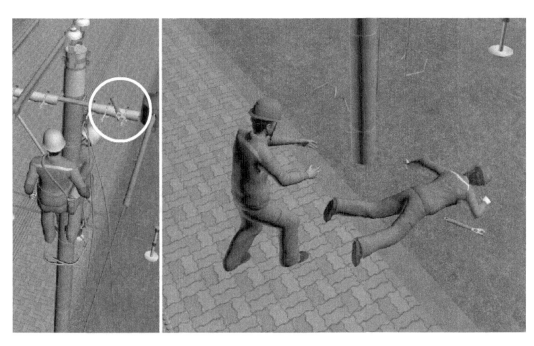

2.违反《配电安规》条款

17.1.5　高处作业应使用工具袋。上下传递材料、工器具应使用绳索;临近带电线路作业

的,要使用绝缘绳索传递,较大的工具应用绳拴在牢固的构件上。

17.1.12 工件、边角余料应放置在牢靠的地方或用铁丝扣牢并有防止坠落的措施。

17.1.13 高处作业,除有关人员外,他人不得在工作地点的下面通行或逗留,工作地点下面应有围栏或装设其他保护装置。若在格栅式的平台上工作,应采取有效隔离措施,如铺设木板等。

3.案例分析

作业人员曹××在塔上作业时未使用工具袋,且将电动工具、螺母直接放在塔翅上,未做固定措施,这样容易因误碰、大风等原因致使物品掉落,砸伤地面人员。使用工具袋的目的是防止高空落物砸伤地面人员。现场安全措施不足,高处作业未按坠落半径设置围栏,可能对经过工作点下方的人员造成落物伤害。塔下监护人刘××未尽到监护责任,安全意识淡薄,在作业点下方吸烟休息,不慎被砸伤。

二、事故案例二:安全措施不到位,作业人员摔伤

1.案例过程

×年8月15日,××供电公司进行35kV变电站配电室房顶基础维修工作,当日天气炎热,风力超过6级。作业人员王××在配电室房顶(临近屋顶边缘,距地面3m)上进行抹灰工作,未装设防护杆栏等防护措施,王××未系安全带,连续作业3小时后突发身体不适,晕倒后从房顶摔落,导致重度摔伤。

2.违反《配电安规》条款

17.1.1 凡在坠落高度基准面2m及以上的高处进行的作业,都应视作高处作业。

17.1.10 在屋顶以及其他危险的边沿工作,临空一面应装设安全网或防护栏杆,否则,作业人员应使用安全带。

17.1.2 参加高处作业的人员,应每年进行一次体检。

17.1.8 低温或高温环境下的高处作业,应采取保暖或防暑降温措施,作业时间不宜过长。

17.1.9 在5级及以上的大风以及暴雨、雷电、冰雹、大雾、沙尘暴等恶劣天气下,应停止露天高处作业。特殊情况下,确需在恶劣天气进行抢修时,应制定相应的安全措施,经本单位批准后方可进行。

3.案例分析

作业人员王××在高度为3m的房顶平台上工作时未系安全带,未采取其他防高处坠落措施。后经调查得知,王××近3年未进行体检,其患有高血压病,不适于长期进行高处作业。当日风速超过6级,不满足高处作业条件。

三、小结

1.高处作业区周围的孔洞、沟道等应设盖板、安全网或围栏并有固定其位置的措施。同

时,应设置安全标志,夜间还应设红灯示警。

2.高处作业时应满足的基本条件:首先明确什么是高处作业,以及在高处作业时应满足的环境条件、施工用具条件,应采取的安全措施;对高处作业人员提出工作要求。

3.高处作业危险性大,不确定性因素多,现场作业人员应严格遵守,不能存在侥幸心理,任何疏漏都有可能造成生命危险。

17.2　安　全　带

一、事故案例一:后备保护绳未系牢,高处坠落身亡

1.案例过程

×年6月16日,××市供电公司配电一班进行35kV港牛4311线电缆接引作业,现场分为两个小组,工作负责人分配好工作任务后,小组负责人崔××带领作业人员李××、王××、吴××3人至54号塔下。9时30分,作业人员吴××登塔作业,挂好安全带后,将安全带后备保护绳挂在不牢靠的杆塔脚钉上。9时35分,吴××在杆塔一端塔翅向另一端塔翅上转移时解开安全带,移动时不慎失足,后备保护绳从脚钉上脱出,吴××从距离地面13m处坠落身亡。

2. 违反《配电安规》条款

17.2.2 安全带的挂钩或绳子应挂在结实牢固的构件上、或专为挂安全带用的钢丝绳上，并应采用高挂低用的方式。禁止挂在移动或不牢固的物件上[如隔离开关（刀闸）支持绝缘子、母线支柱绝缘子、避雷器支柱绝缘子等]。

17.2.4 作业人员作业过程中,应随时检查安全带是否挂牢。高处作业人员在转移作业位置时不得失去安全保障。

3. 案例分析

塔上作业人员吴××将安全带后备保护绳挂在了不牢固的脚钉上,人员在移动时容易引起后背保护绳脱落,失去二道保护。吴××在杆塔上转移时未检查安全带悬挂情况。

工作监护人未能尽到监护责任,没有发现作业人员将安全带的后备保护绳挂在了脚钉上。在作业过程中,工作监护人应该尽到监护责任,时刻关注作业人员的作业情况,及时发现安全风险,制止并纠正作业人员的违章行为。

二、事故案例二:使用不合格安全带致摔伤

1. 案例过程

×年8月15日,××市供电公司输电检修班组进行110kV某线路迁改作业。搭设跨越架工作时,作业人员王××在跨越架上作业,距离地面约5m,使用的后备保护绳超过3m但未使用缓冲器,且安全带无试验合格证,后备保护绳存在断股情况。王××解开安全带后,在跨越架上转移时发生坠落,因后背保护绳过长,下落距离长,未使用缓冲器,后备保护绳断裂,造成胸部外力挤压骨折,肺部出血。

2. 违反《配电安规》条款

17.2.3 安全带和专作固定安全带的绳索在使用前应进行外观检查。安全带应按附录O定期检验,不合格的不得使用。

17.2.5 腰带和保险带、绳应有足够的机械强度,材质应耐磨,卡环(钩)应具有保险装置,操作应灵活。保险带、绳使用长度在3m以上的应加缓冲器。

3. 案例分析

王××在跨越架上作业时使用了不合格的安全带,后背保护绳超过3m未使用缓冲器,造成下坠距离过长。作业人员在使用前未认真仔细检查安全带,在安全带无试验合格证,后备保护绳存在断股情况下继续使用,造成下坠过程中后备保护绳断裂。

三、小结

1. 本节对安全带应满足的条件提出要求,规定了如何正确使用安全带。安全带是高处作业最常用的安全工器具,正确使用安全带能有效避免高处坠落伤害,保护作业人员,因此我们应该严格遵守。

2. 安全带应采用高挂低用的方式,禁止采用低挂高用的方式。若采用低挂高用方式,当人体因某种原因下坠时,下坠的距离长,易导致人体受到伤害。

3. 安全带的扣环应使用带有自锁装置的,在使用前应检查自锁装置动作良好。在使用过程中,应及时检查扣环是否扣好,安全带是否拴牢,防止安全带失去保护。

17.3 脚 手 架

一、事故案例一:脚手架上作业未用安全带,作业人员坠落

1. 案例过程

×年5月18日,××供电公司变电检修室进行110kV某变电站刀闸更换工作,在履行完许可、开工等手续后开始工作,刘××在2m高的脚手架上工作时未使用安全带,且脚手架平

台未搭设防护栏杆,地面监护人员未及时进行纠正,刘××在脚手架上移动时,发生坠落,头部着地,导致重伤昏迷。

2.违反《配电安规》条款

"17.3.3　在没有脚手架或者在没有栏杆的脚手架上工作,高度超过1.5m时,应使用安全带,或采取其他可靠的安全措施。

3.案例分析

作业人员刘××安全意识差,在2m高且无防护栏杆的脚手架上工作时未使用安全带,主观认为此高度不会带来人身伤害。现场作业人员未及时纠正刘××未系安全带的违章行为,未尽到监护责任和工作班成员相互关心的责任。工作负责人对现场安全措施布置不到位,未使用合格的脚手架,造成刘××失足坠落。

二、小结

本节对高处作业中脚手架的使用提出了要求,脚手架的安装、拆除、使用应满足相关要求,不得使用不合格的脚手架。脚手架是经常用到的高处作业平台,大家需严格按照安规要求正确使用脚手架,确保安全。上下脚手架应走设置好的斜道或梯子,禁止沿脚手架或栏杆等攀爬,防止脱手坠落。

17.4　梯　　子

一、事故案例一:使用梯子不符合要求,作业人员摔伤

1.案例过程

×年10月17日,××县局供电公司集体企业进行35kV变电站配电室墙面涂刷工作,履

行完开工手续后,工作负责人夏××安排作业人员沈××负责2楼和3楼楼梯墙面粉刷工作,未设监护人员。9时15分,作业人员沈××独自在梯子上进行墙面涂刷作业,无人扶梯。使用梯子的梯脚无防滑措施,且使用的是不坚固的、未经检验合格的自制木质梯子,沈××在梯子上移动梯子时,梯子向后方滑落,失去重心后沈××摔落至地面,导致其面部、腕部骨折。

2. 违反《配电安规》条款

17.4.1　梯子应坚固完整,有防滑措施。梯子的支柱应能承受攀登时作业人员及所携带的工具、材料的总重量。

17.4.4　人在梯子上时,禁止移动梯子。

3. 案例分析

作业人员沈××在无人监护、无人扶梯的情况下进行梯上作业,且使用的梯子是不坚固的自制梯子,使用过程中容易发生折断,梯子支在较滑的瓷砖地面上,梯脚无防滑垫且未采取其他防滑措施。沈××在梯子上作业时移动梯子,是很危险的行为,致使梯子发生倾覆,人员摔伤。

二、小结

本节规定了作业中使用的梯子应满足的基本条件,对如何正确使用梯子进行了说明。梯子是配电作业过程中经常使用的工具,为保证使用过程中不发生意外,我们要严格按本节规定使用合格的梯子,使用中应有专人监护。

很多建筑物的室内与室外的地上都铺有瓷砖,瓷砖表面比较光滑,梯子支在瓷砖上时容易滑动,必须有防滑措施,并有人扶住。在一些水泥地面上,也会比较光滑,使用梯子时也要有防滑措施。

人在梯子上作业时,会造成梯子的重心上移,梯子上重下轻,稳定性和平衡属于都会变差,此时移动梯子,梯子易倾倒,导致梯子上人员受伤。

参考文献

［1］国家电网公司.国家电网公司电力安全工作规程(配电部分)(试行)(国家电网安质［2014］
  265号)［M］.北京:中国电力出版社,2014.

［2］国家电网公司.电力安全工作规程习题集(配电部分)［M］.北京:中国电力出版社,2016.

［3］国网安徽省电力有限公司.《国家电网公司电力安全工作规程(配电部分)(试行)》释
  义［M］.北京:中国电力出版社,2020.

［4］北京华电万通科技有限公司.读案例 学安规 反违章——《电力安全工作规程》案例警示教
  材(线路、配电部分)［M］.北京:中国电力出版社,2017.